HÉRON D'ALEXANDRIE

LA

CHIROBALISTE

Restitution et traduction

PAR

A.-J.-H. VINCENT

MEMBRE DE L'INSTITUT
OFFICIER DE L'ORDRE IMPÉRIAL DE LA LÉGION D'HONNEUR.

PARIS

IMPRIMERIE A. LAINÉ ET J. HAVARD
RUE DES SAINTS-PÈRES, 19

1866

HÉRON D'ALEXANDRIE.

LA

CHIROBALISTE.

[illegible]

HÉRON D'ALEXANDRIE

LA

CHIROBALISTE

Restitution et traduction

PAR

A.-J.-H. VINCENT

MEMBRE DE L'INSTITUT
OFFICIER DE L'ORDRE IMPÉRIAL DE LA LÉGION D'HONNEUR

PARIS

IMPRIMERIE A. LAINÉ ET J. HAVARD
RUE DES SAINTS-PÈRES, 19

1866

INTRODUCTION.

Cette traduction du *Traité de la Chirobaliste*
d'Héron d'Alexandrie forme le complément de la
traduction du *Traité de la Bélopée* dû au même
auteur, jointe à celle du *Traité* de Philon sur le
même sujet, travail dont j'ai eu l'insigne honneur
de me trouver chargé par les ordres de l'Empereur; et ce n'est pas sans avoir, pour des raisons
que l'on comprendra tout à l'heure, sollicité l'au-
torisation de Sa Majesté, que j'en publie le présent fascicule (1).

Le texte grec de cet opuscule avait déjà été
publié, une première fois par l'abbé Baldi, à la
suite du Traité de la Bélopée d'Héron (*Aug. Vin-
del.,* 1616), et une seconde fois par Thévenot, dans
le recueil des *Veteres Mathematici* (Paris, 1693),
avec une version latine dont l'auteur n'est pas
bien connu et une suite de figures empruntées
aux manuscrits.

Très-mutilé dans l'édition de Baldi, plus com-
plet dans celle de Thévenot, mais encore très-
altéré, surtout en ce qui regarde les cotes d'exécution et les légendes des figures, ce texte, on
peut le dire, était resté jusqu'ici sans explica-

(1) Voir mon *Examen de l'écrit intitulé :* LA CHIROBALISTE, etc.
(Chez Gauthier-Villars.)

tion (2). C'est à tel point que les paragraphes où l'auteur s'occupe, par exemple, des *cambestria*, du *camarium*, étaient considérés comme des traités distincts (3), tandis qu'il ne fallait y voir que les descriptions partielles des divers éléments d'un même engin. Aussi, les derniers éditeurs des écrivains grecs sur l'art militaire, H. Kœchly et W. Rüstow, ont-ils renoncé même à faire la réimpression pure et simple de ce fragment, se contentant de déclarer, après Baldi, qu'il était inintelligible (4).

Cette obscurité tient à plusieurs causes.

En premier lieu, l'opuscule qui traite de la chirobaliste est peut-être plutôt un recueil de notes abrégées et de mesures prises *de visu* sur une machine déjà construite, qu'un véritable traité rédigé par l'inventeur. En effet, on sait qu'Héron (5) d'Alexandrie, disciple de Ctésibius comme il s'in-

---

(2) Ce texte en ruine, dit l'abbé Baldi, est si obscur « qu'il est bien « difficile d'en induire quels pouvaient être la forme et l'usage des *cama-* « *riæ* et des *cambestriæ* ». (*Heronis Alexandrini vita, Bern. Baldo Urbinate auctore*, à la suite de l'ouvrage intitulé *Heronis Ctesibii Belopœeca*; *Aug. Vind.*, 1616. — V. p. 71, numérotée 72 par erreur.)

(3) « L'ensemble paraît être une compilation de trois fragments ap- « partenant à trois opuscules d'Héron, et réunis sous un titre qui ne « convient qu'au premier fragment. » (Th.-H. Martin, *Recherches sur la vie et les ouvrages d'Héron d'Alexandrie*, dans les Mémoires présentés par divers savants à l'Académie des Inscriptions et Belles-Lettres, tome IV de la 1re série, 1854, p. 38.) — Voyez aussi Fabricius (éd. de Harles), t. IV, p. 236.

(4) Griechische Kriegsschriftsteller (tom. Ier, p. 199) : deren Verstændniss uns aber bis jetzt verschlossen geblieben ist, das wir folglich auch dem Publicum nicht vorlegen konnten.

(5) D'après une opinion qui m'a été communiquée par MM. Ch. et F.-P. Lenormant, le mot Héron paraîtrait avoir correspondu dans la langue

titule lui-même, quoique doué personnellement d'un génie vraiment créateur, s'était rendu non moins célèbre en reproduisant et vulgarisant les découvertes de son maître, qu'en inventant des machines qui lui appartinssent en propre ; et quant à celle qui nous occupe, nous avons bien ici la description plus ou moins complète des pièces principales dont elle se compose, considérées isolément ; mais rien sur la méthode nécessaire pour les assembler, rien sur la manière dont elles fonctionnent, rien enfin sur la force motrice qui doit les mettre en action et leur donner la vie.

En second lieu, outre les difficultés que peut offrir en général un texte littéraire corrompu et plusieurs fois remanié, on en rencontre ici d'autres non moins graves qui résultent, comme nous l'avons déjà indiqué, soit des sigles numériques, soit des lettres indicatrices des figures, la plupart du temps interverties, faussées ou entièrement omises ; de plus encore, la grossièreté du dessin de ces mêmes figures, qui, en outre, deviennent à tel point différentes suivant les divers manuscrits, qu'il est souvent impossible de savoir quel objet elles ont réellement pour but de représenter.

Quoi qu'il en soit, le titre du Traité, *De la Chirobaliste* ou *Baliste à main*, indique suffisamment une arme portative destinée avant tout à lancer des masses telles que pierres, balles ou légers

---

égyptienne, à celui d'*ingénieur :* ƐⲢ-ⲢⲰⲚ, *celui qui fait les chemins.* Dans l'obélisque d'Hermapion, Apollon est qualifié υἱὸς Ἥρωνος : ce mot serait-il l'équivalent du grec δημιουργός ?

boulets comparables à nos biscaïens, etc., etc., tandis que, d'un autre côté, les parties composant les planches II et IV (ci-après), faisant de l'arme une sorte de *gastraphète* (6), font penser, par suite, au tir des projectiles aigus (7). Cela d'ailleurs est conforme à la signification généralisée du mot *Baliste*, telle qu'elle fut admise en particulier chez les écrivains latins (8), à des époques relativement récentes.

(6) Héron, *Bélopée*, p. 126 de la collection des *Mathem. veteres*, § II de ma traduction (inédite).

(7) Ce double usage de l'arme semble attesté par la présence d'une *boucle* mobile adjointe à la pièce nommée *pittarium* (pl. II, fig. 6 et 10), dont nous parlerons en son lieu, ainsi que par un contre-poids appliqué à un levier de longueur variable qui permettait de placer la corde archère à des hauteurs diverses.

(8) Les machines de jet des anciens se divisaient en deux grandes classes, les machines *euthytones* et les machines *palintones*. Or, on peut induire des textes de Vitruve (X, 13 et 14), que les machines euthytones étaient celles que l'on nommait autrement *catapultes*, et qui étaient spécialement employées à lancer des flèches ou autres projectiles aigus, tandis que les machines palintones, désignées plus particulièrement par le mot *baliste*, servaient à projeter des pierres, balles, etc. Le mot *euthytone*, c'est-à-dire *à tendance rectiligne*, se trouve ainsi correspondre à ce que l'on nomme le *tir direct*, dont la trajectoire, très-inclinée à l'horizon et atteignant peu d'élévation, ne s'écarte pas sensiblement de la ligne droite menée entre ses extrémités, tandis que le mot *palintone*, qui fait penser au tir *à feu courbe* de l'artillerie moderne, paraît dériver de ce que, pour l'artilleur placé dans le plan de la trajectoire, le projectile semble d'abord s'élever à une certaine hauteur au-dessus de l'horizon pour redescendre ensuite par une marche *rétrograde*.

Les catapultes correspondraient ainsi à nos *canons* et *obusiers*, dont le tir a spécialement pour objet de *percer* ou de *renverser* le but, tandis que les balistes pourraient être assimilées aux *mortiers*, dont le tir a pour effet d'*écraser* ou d'*enfoncer*.

Je remarque toutefois que le mot *baliste*, plus simple que le mot *catapulte*, paraît avoir fini par absorber les deux sens. Végèce n'emploie jamais la seconde expression.

Mais ce n'est pas tout : restait le point le plus difficile et le plus délicat, celui qui consiste à déterminer la nature de la force motrice, question que le texte laisse entièrement dans l'ombre. Seulement, l'inspection des figures conduit naturellement à reconnaître que la machine ne pouvait être simplement *neurotone*, c'est-à-dire avoir exclusivement pour force motrice celle des nerfs ou tendons des animaux, celle des intestins, des crins ou des cheveux, comme les machines plus anciennes.

Partant de là, il fallait donc, pour ne pas sortir des limites que nous impose l'état des connaissances constatées chez les anciens, que la machine fût, au moins en partie, ou bien *aérotone*, c'est-à-dire mise en jeu par l'air comprimé comme on peut le supposer d'après Philon (9), ou bien *chalcotone* (10), c'est-à-dire tirant sa force de ressorts métalliques.

Cette seconde opinion paraît avoir été mise pour la première fois en avant par Meister, dès l'année 1768 (11); et quoique j'eusse parfaitement connaissance de ce fait, comme l'attestait en

(9) *Mathem. vet.*, p. 77.

(10) *Ibid.*, p. 67 et suiv.

(11) Æneis laminis deinceps *ferreæ* successisse videntur. Saltim in difficillima illa, corruptissima et cimmeriis tenebris involuta *Cheiroballistræ* descriptione, quam HERONI debemus, *Siderotonum* aliquod organum, Chalcotono non absimile, latere videtur. Occurrunt enim in illo ferreæ laminæ quatuor, ut in hoc æneæ, et vocantur καμβέστρια, non a campo quidem, quod interpreti placuit, quasi tota Ballistra campestris dicta fuerit, fortasse ut a montanis, aut navalibus, distingueretur, sed a *curvatura* sua. — *Alb. Lud. Frid. Meisteri de catapulta polybola commentatio.* Gotting., 1768, in-4° (p. 19).

1854 (12) M. Th.-Henri Martin dans son excellent travail cité plus haut (*note* 3), je balançai pendant long-temps entre l'opinion de Meister et l'hypothèse d'une machine aérotone : car je croyais voir de véritables réservoirs d'air dans les conoïdes représentés par les divers manuscrits de Paris et par l'édition de Thévenot (p. 120); or, tant que je n'étais pas parvenu à me rendre compte de la nature et de la fonction de ces conoïdes, je ne pouvais rien affirmer sur la force motrice de la chirobaliste.

Cet éclaircissement, que les manuscrits de Paris ne pouvaient me donner, je l'ai d'abord reçu de Vienne. M. le Conseiller aulique Baron de Münch-Bellinghausen, à qui je me fais un devoir d'en témoigner ici ma reconnaissance, a eu l'obligeance de faire collationner pour moi le ms. 140 (110 de Lambécius) de la Bibliothèque impériale de Vienne, et de m'envoyer, en même temps, les calques des figures de la chirobaliste, telles qu'on les trouve dans ce manuscrit (13). Ici, plus de doute sur le véritable caractère et la nature essentielle des conoïdes : les calques cités, que je reproduis dans

(12) « M. Vincent m'a communiqué, dit (p. 39) ce consciencieux auteur, « une interprétation assez plausible de Meister, d'après laquelle le mot « καμβέστρια étant dérivé de κάμπτειν, les καμβέστρια, ainsi nommés « *a curvatura sua*, seraient analogues aux χαλκότονοι décrits par Philon « de Byzance, p. 67-73 de Thévenot. En outre, Meister paraît vouloir « que les καμβέστρια fassent partie de la χειροβαλίστρα. » — (Voy. Meister, *loc. laud.*)

(13) Voir ma planche I. — La grande variété de figure que les manuscrits attribuent à ces conoïdes ainsi qu'aux cylindres dont il sera question ci-après, me paraît être une preuve du grand usage que l'on a dû faire de l'arme qui nous occupe.

ma première planche, en représentent clairement la charpente comme formée de feuilles métalliques repliées en manière de cônes tronqués, suivant l'axe desquels se meuvent des broches signalées dans le texte, broches terminées d'un côté par des crochets destinés évidemment à retenir la corde archère, et de l'autre par des anneaux qui, embrassant les conoïdes, peuvent glisser à frottement sur leur surface extérieure en les comprimant plus ou moins. Dès lors, il devient évident que les bourses de cuir représentées dans les manuscrits et dans l'édition de Paris, ne jouaient qu'un rôle secondaire, celui de garnir d'un coussin flexible et élastique la partie des conoïdes qu'elles enveloppaient, afin d'obvier à la détérioration que pouvait occasionner leur frottement direct contre les ressorts. Mais en même temps, le conoïde lui-même acquérait un rôle plus important par l'adjonction d'un poids additionnel qui, par sa distance variable au milieu de l'arme, permettait de hausser ou baisser à volonté la corde archère, de manière à la placer toujours en face du centre de gravité du projectile.

Ce n'est donc pas sans de longues méditations sur ces conoïdes, sur les cylindres munis de clavettes à crochet, sur les broches mobiles dans l'intérieur des bras, sur l'analogie évidente de notre arme avec celles de la colonne Trajane, etc., que mon opinion put se trouver fixée : en conséquence donc, au moins suivant moi, la machine avait pour force motrice un simple mais puissant

rudiment de l'écheveau de nerfs des anciennes ma
chines névrotones, un simple filet pour ainsi dire,
qui, par son exiguïté, se trouvait soustrait aux graves inconvénients signalés par Philon, et d'où ré-
sulta l'abandon de ces anciennes machines. Mais,
en même temps, cet élément névrotone se trouvait renforcé par l'élément chalcotone, c'est-
à-dire par des ressorts métalliques qui en assu-
raient et en multipliaient la puissance.

D'autres parties de l'appareil figurent parmi les
dessins ; mais, soit par suite de lacune ou d'altéra-
tion, soit parce que ces parties n'auraient été que
postérieurement employées, le texte n'en fait
aucune mention ou les indique à peine : telle est
la boucle dont j'ai signalé plus haut l'existence (14).
C'est aussi après y avoir longtemps réfléchi, que
j'ai pu y reconnaître un moyen de fixer la position de la corde archère avant la détente, à l'aide
du contre-poids dont j'ai parlé précédemment,
de manière qu'elle pût constamment frapper le
projectile à la hauteur de son centre de gravité,
soit que ce projectile fût une mince flèche ou
une balle plus ou moins grosse.

Ailleurs encore, ce sont des portions de figures
dont la signification semble tout d'abord inexplicable : tels sont en premier lieu les arcs-boutants circulaires paraissant avoir pour but d'assurer la fixité du canon sur l'échelette (planches III,
fig. 9 ; et IV, fig. 2) et de parer à la torsion des
pièces de celle-ci. Tels sont encore les appuis ou

(14) Ci-dessus, note 7.

contre-gardes en forme de T (pl. III, fig. 8), ayant pour objet de maintenir les ressorts dans une position normale en les empêchant de se porter capricieusement en avant ou en arrière.

Enfin, j'ai à parler de la légende alphabétique des figures, légende qui manque à la plupart des manuscrits, et qui est déplorablement altérée dans les renvois du texte : sans compter que l'on peut trouver, soit plusieurs pièces affectées simultanément des mêmes lettres, comme il arrive dans le deuxième paragraphe, soit la légende des figures confondue pêle-mêle avec les cotes numérales d'exécution, ce qui a plus ou moins lieu dans tous les paragraphes. Il faut avoir, comme moi (que l'on m'excuse de le dire), passé de longs mois, même des années, sur ce travail ingrat, pour en apprécier toute la difficulté ; et quiconque a pu se vanter de n'y avoir vu qu'un « travail facile » après l'avoir trouvé tout fait, celui-là, dis-je, a donné la mesure de sa competence et de son autorité dans la matière.

Quoi qu'il en soit, il fallait démêler tous ces éléments hétérogènes ; et voici, quant aux légendes, ce qu'ont pu remarquer les érudits qui se sont occupés sérieusement de l'étude des mathématiciens grecs, manuscrits ou imprimés. D'abord, les lettres successivement employées pour la définition et l'explication des figures, sont prises depuis α jusqu'à ω et dans leur ordre alphabétique (sauf l'*iôta* que l'on évite toujours à cause de la facilité de son oblitération). Ensuite, si les lettres d'un premier alphabet ne suffisent pas pour désigner tous les points notables, ou y supplée par l'adjonction des épisèmes ς, $\llcorner$, π, notamment du ς que l'on place, soit après l'*oméga* s'il est seul, soit entre ε et ζ, c'est-à-dire à son rang de sigle numérique : car les nombres

$$1 \quad 2 \quad 3 \quad 4 \quad 5 \quad 6 \quad 7 \quad 8 \quad 9$$

sont respectivement représentés par

$$\alpha \quad \beta \quad \gamma \quad \delta \quad \varepsilon \quad \varsigma \quad \zeta \quad \eta \quad \theta.$$

Si cette addition des épisèmes est insuffisante, on poursuit en employant les sigles numériques qui représentent les *mille,* c'est-à-dire

$$,\alpha \quad ,\beta \quad ,\gamma \quad ,\delta \quad ,\varepsilon \quad ,\varsigma \quad ,\zeta \quad ,\eta \quad ,\theta$$

identiques aux caractères des unités simples, à cela près qu'on y ajoute, non point, comme le dit Delambre (15), un *iota souscrit,* mais, à la gauche, une longue *virgule latérale,* ἐκ πλαγίου σύρμα. On eût pu continuer ainsi en affectant de cette même virgule latérale les sigles des dizaines et des centaines ; mais tel n'était point l'usage : à partir de *dix mille,* on employait le caractère μ (initiale de μυριάς signifiant *myriade*) ou la syllabe Μυ, en écrivant au-dessus les lettres de l'alphabet, α, β, γ,..... Ce sont ces lettres qui désignent les nombres de myriades quand il s'agit de représenter des valeurs numériques,

(15) *De l'Arithmétique des Grecs,* au commencement du tome II de *l'Histoire de l'Astronomie ancienne.* — Comparez la traduction allemande avec des éclaircissements, par J.-G.-J. Hoffmann, Mayence, 1817.

comme on peut le vérifier, soit dans le commentaire de Porphyre sur les *Harmoniques* de Ptolémée, soit au deuxième livre de Pappus, l'un et l'autre publiés par Wallis, ou mieux encore, dans le commentaire d'Eutocius sur les écrits d'Archimède (16).

Mais ce n'est point sous le rapport des valeurs numériques que nous considérons ici ce système de sigles; nous n'avons à y voir en ce moment qu'un supplément aux signes alphabétiques employés dans la description des figures, supplément qui devient nécessaire lorsqu'on opère sur des figures un peu compliquées, comme le sont ici celles du § III (pl. III); ou, dans le traité de la *Dioptre* (17), celle du problème de la *mesure d'un champ;* ou bien encore, dans le traité des *Pneumatiques* (*Math. vet.*, p. 227), la figure de l'*orgue hydraulique*.

Telle est donc cette notation que l'on a pu traiter de *bizarre*, d'*incroyable!* et telle est, avec ses preuves, ma réponse à un défi plus incroyable encore : cette réponse me dispense de me baisser pour en relever d'autres.

(16) Voir notamment le programme du Gymnase de Herford pour 1854. — Au reste, je renvoie à *Eutocius plutôt qu'à Porphyre ou à Pappus,* parce que ces derniers auteurs placent la lettre indicatrice du nombre des myriades, non au-dessus du caractère M, mais à côté. — Voyez aussi JOACH. CAMERAR. : *De Græcis Latinisque numerorum notis* (1556); SAM. TENNULII *Notæ in Arithm. Nicomachi*; CANTZLER : *De Græcorum arithmetica* (Gryphisvald., 1831); MORITZ CANTOR, *Mathematischen Beiträge* (Halle, 1863); et TH.-HENRI MARTIN, *Examen* de l'ouvrage précédent (Rome, 1864).

(17) *Notices et extraits des manuscr., etc.,* t. XIX, 2e partie, § XXIII, p. 104.

Quant à la correspondance à établir entre les sigles grecques et les caractères français, elle est nécessairement arbitraire pour une partie plus ou moins notable : car certains caractères grecs n'ont point d'analogues dans l'alphabet français, de même que certains caractères français n'ont point d'analogues dans l'alphabet grec ; et pour les caractères assimilables des deux alphabets, ils n'y occupent point le même rang. Ainsi Wallis, dans son édition de Ptolémée, avait adopté un certain mode de correspondance ; j'en ai adopté un autre dans le traité de la Dioptre ; et un troisième traducteur, à moins d'avoir un parti pris d'avance de suivre l'une de ces deux marches, s'écartera certainement de l'une et de l'autre, au moins pour une portion (18). Quoi qu'il en soit, voici mon tableau de correspondance, toujours le même (19), que je place ici pour n'avoir pas besoin de donner de doubles figures. Au moyen de ce tableau, l'on pourra rétablir sur mes planches, pour chaque lettre française, celle qui lui correspond dans les manuscrits grecs.

(18) S'il n'y avait, comme on l'a prétendu, qu'une seule manière de *transcrire* les caractères grecs γ, ζ, η, θ…, comment se fait-il que Wallis remplace par un G la lettre γ que d'autres remplacent par un Ga ; que Wallis écrive F, G, H… au lieu de Z… θ…, tandis que d'autres écrivent Z, H, C…? Et cela étant, comment peut-on soutenir qu'il n'y a pas d'autre transcription possible que cette dernière?… C'est donc un véritable plagiat que j'ai dévoilé : seulement, à une exagération apparente on a répondu par une absurdité. (Voir l'*Examen* cité, p. 9.)

(19) Seulement, je remplace ici A″, B″, G″…, par les petites lettres *a*, *b*, *g*… — Quant aux petites lettres accentuées, *a′*, *b′*, *c′*…, étant employées exclusivement dans le commentaire, elles n'avaient point à figurer dans le tableau.

```
Α   Β   Γ   Δ   Ε   Ϛ   Z   Η   Θ
A   B   G   D   E   J   Z   H   C

Ι   Κ   Λ   Μ   Ν   Ξ   Ο   Π   ϟ
K   L   M   N   X   O   P   W

Ρ   Σ   Τ   Υ   Φ   Χ   Ψ   Ω   ϡ
R   S   T   U   F   Q   Y   V   &

ˌΑ  ˌΒ  ˌΓ  ˌΔ  ˌΕ  ˌϚ  Z   ˌΗ  ˌΘ
A'  B'  G'  D'  E'  J'  Z'  H'  C'

 α   β   γ   δ
M   M   M   M  .  .  .  .  .  .  .
a   b   g   d  .  .  .  .  .  .  .
```

J'aurais été heureux, en terminant cet aperçu,
de n'avoir plus qu'à rendre, auprès du public
compétent, une complète justice aux divers col-
laborateurs qui m'ont secondé, soit de leur main,
soit des lumières de leur expérience pratique,
comme je déclare de nouveau l'avoir fait auprès
de Sa Majesté. Mais, malheureusement, je me
trouve obligé d'opérer ici une contre-marche pour
défendre mes droits contre des prétentions inad-
missibles. On me permettra donc d'affirmer une
fois de plus les faits suivants dont personne
n'est en droit de contester l'exactitude :

1° Que j'ai le premier et de ma propre ini-
tiative entrepris la synthèse de la chirobaliste,

2

dont les diverses parties avaient jusqu'à ce jour passé pour des appareils distincts (20).

2° Que j'ai le premier, autant qu'il paraît possible de le faire en raison de l'état des documents qui nous sont parvenus sur la matière, rétabli le texte de l'important ouvrage d'Héron d'Alexandrie qui contient la description de cet engin, texte gravement altéré et mutilé dans un grand nombre de passages; que j'en ai formulé avant tout autre une traduction française; qu'un aperçu de ce travail a été, sous le titre d'*Essai*, remis entre les mains de l'Empereur, et pendant ce temps, par un abus de confiance inqualifiable, livré prématurément à la publicité, au mépris de tout droit, de tout respect;

3° Qu'après Meister, qui le premier a reconnu dans cette machine la présence de ressorts métalliques, j'ai personnellement achevé d'en déterminer la nature caractéristique, notamment en établissant la direction convergente des bras et l'*absence de tous pivots*, et en signalant l'analogie que présente ce même engin avec ceux dont on voit des représentations, soit sur la colonne Trajane, soit à la suite de l'ouvrage intitulé *Notitia imperii*.

Je dois dire, en terminant, que le texte grec, tel qu'on le lit dans les *Mathematici veteres* et l'édition de Baldi, a été collationné, d'après dix manuscrits de la Bibliothèque impériale de France, par M. Ch.-Em. Ruelle qui m'a fourni à ce sujet les éléments de la Notice qui se trouve ci après (p. 22).

(20) Mes premières idées à ce sujet ont été communiquées dès le 12 mars 1861 à M. le Général Favé.

A ces manuscrits il faut ajouter, non-seulement celui de la Bibliothèque impériale de Vienne (n° 140) dont j'ai parlé plus haut, mais un précieux manuscrit provenant de feu Miltoide Mynas, dont Sa Majesté l'Empereur a daigné faire l'acquisition pour en doter la Bibliothèque impériale, et sur lequel, comme je l'expliquerai ailleurs, celui de Vienne a été copié. Si la découverte de ce manuscrit a causé un retard de plusieurs années dans la publication de mon travail, de son intervention est résulté un immense avantage qui a fait plus que compenser ce retard. En effet, ce document m'a fait reconnaître une erreur capitale de copie qui existe dans tous les manuscrits (excepté toutefois celui de Vienne où par malheur la cause de l'erreur se trouve entièrement dissimulée par la forme particulière que le copiste y donne à la fraction 1/2); et cette faute, en portant presque au double de leur véritable valeur les dimensions des ressorts essentiels nommés *cambestria*, s'opposait à ce qu'on pût jamais parvenir à une restitution raisonnable du curieux engin de guerre dont il s'agit ici (21).

Maintenant, je crois avoir tiré de ces documents tout le parti qu'il était possible d'en tirer, et il y a peu d'espérance à concevoir de nouvelles découvertes; d'ailleurs, j'ai la conviction qu'elles n'apporteraient aux résultats désormais acquis aucun changement essentiel.

(20) *Mes premières idées à ce sujet ont été communiquées de* [...]

(21) Voir ci-après, p. 54, ligne numérotée 60 et la note 31 [...]

Le lecteur voudra bien remarquer que je n'ai
considéré du problème que la partie géométri-
que et cinématique; quant au point de vue phy-
sique et dynamique, je ne m'en suis point occupé.
Les anciens possédaient certainement des connaissances que nous leur dénierions à tort par
cela seul que nous les avons nous-mêmes trou-
vées, ou plutôt retrouvées, à des époques récentes: telle est celle de la trempe de l'acier, cons-
tatée chez les Ibères et les Celtes dès la haute
antiquité (22), telle est encore l'usage du bronze
battu à froid comme métal élastique propre à
construire des ressorts (23); est-il nécessaire de
citer celui de la corde, de boyau, déjà si clairement énoncé par Homère (24)?

Pour les éclaircissements de cette matière, comme
pour les modifications et perfectionnements de
détail, dont est nécessairement susceptible encore la machine telle que je l'ai comprise et dé-
crite, ce n'est pas de moi qu'il faut les attendre;
mais j'ai la satisfaction de pouvoir annoncer que
M. le Capitaine A. Verchère de Reffye, Officier
d'ordonnance de l'Empereur, qui dirige avec autant de savoir que de zèle l'atelier d'études que
Sa Majesté a établi au haras de Meudon, a bien
voulu se charger de faire les expériences nécessai-
res pour arriver à la complète restitution de la
Chirobaliste au point de vue pratique.

(22) Cf. Philon, *Vet. Mathem.*, p. 70.
(23) *Id. ibid.*
(24) Odyssée, chant XXI, v. 406.

Je ne terminerai point sans témoigner aussi toute
ma reconnaissance à mon ami et parent M. le Lieu-
tenant-colonel Demarest, qui, pour le concours dévoué
que, malgré les exigences de son service, il a trouvé
moyen de me prêter dans une conjoncture difficile que nous devrions à la (?) fois.

En résumé, le travail que je publie aujourd'hui
est loin d'être parfait, puis qu'il a dû dissimu-
ler les interruptions forcées qu'il a dû subir par
l'effet des diverses circonstances que j'ai signalées
précédemment, et qui n'ont pu me pas contribuer à toutes
à l'améliorer. Toutefois, les personnes qui pour-
ront le comparer avec l'ébauche qui en a été
publiée sans mon aveu, et sur laquelle on n'a
pas craint d'inscrire mon nom, seront à même
de juger si je n'ai pour moi, comme on a osé le
soutenir, que la raison du plus fort, elles feront
justice de prétentions aussi injustes qu'irréalisées,
et sauront à quoi s'en tenir sur ce jugement à jugement des tribunaux, si fondées et a éclaté à cla... [illegible]
mais j (25) ... a pas à faire a ... en importun...

M. le Capitaine A. Verchère de Reffye, Officier
d'ordonnance de l'Empereur, qui dirige avec autant de savoir que de zèle l'atelier d'études que
Sa Majesté a établi au haras de Meudon), a bien
voulu se charger de faire les expériences nécessai-
res pour arriver à la complète restitution de la
Chirobaliste au point de vue pratique.

(25) Voir ci-dessus le titre de l'ouvrage (25)

22) Cf. Platon, l'éd. Mathieu, p. 70.
23) Id. ibid.
24) Odyssée, chant XXI, v. 406.

NOTICE DES MANUSCRITS

CONTENANT LE TRAITÉ

DE LA CHIROBALISTE

D'HÉRON D'ALEXANDRIE.

Ces manuscrits, lorsque le présent travail a été commencé, étaient au nombre de *dix* appartenant à la Bibliothèque impériale de Paris, savoir : d'abord, cinq exemplaires du XVIe siècle, écrits sur papier, qui sont :

1° le n° 2435 (ancien 2175), que je désignerai par A ;

2° le n° 2436 (ancien 2176), B ;

3° le n° 2437 (ancien 2176, 3), C ;

4° le n° 2438 (ancien 2176, 2), D ;

5° le n° 2439 (ancien 2706), E.

Vient ensuite le n° 2442 (ancien 2174), manuscrit du Xe siècle, que je désignerai par F ;

Puis trois autres manuscrits du XVIe :

G, n° 2445 (ancien 2173),

H, n° 2521 (anciennement Colbert n° 4717, puis Reg. 3196),

I, n° 26 du supplément grec (ancien ms. Colb., n° 1996).

Enfin, un manuscrit K, n° 244 du même supplément, in-4° du XVIIe siècle, qui paraît avoir été copié sur le ms. G.

A ces dix manuscrits il faut maintenant en ajouter un onzième, L, appartenant à la Bibliothèque impériale de Vienne, n° 140 (ancien 110), « *chartaceus, antiquus et bonæ notæ,* » dit le catalogue de Lambécius et Kollar ; puis enfin un douzième, M, provenant de feu Minoïde Mynas, et aujourd'hui, grâce à la munificence de l'Empereur, appartenant à la Bibliothèque impériale de Paris (ci-dessus, p. 19).

Le manuscrit A est évidemment celui qui a servi à la publication du volume intitulé *Mathematici veteres* (que nous désignerons par T, du nom de son éditeur Thévenot) ; les notes marginales qui se trouvent dans le manuscrit ont été reproduites à la marge de l'édition.

Le texte même du manuscrit A offre un grand nombre de leçons qui lui appartiennent exclusivement ; et la note marginale fait connaître, pour l'ordinaire, une variante qui se retrouve dans quelques-uns des autres, mais très-rarement dans celui de Vienne ou dans celui de Mynas. Quant à ce dernier, écrit sur vélin, et paraissant remonter au moins au dixième siècle, il l'emporte certainement, par son importance, sur tous les autres manuscrits du même traité que [illegible]. En effet, le meilleur auparavant connu était [illegible] de Vienne, [illegible] est de toute [illegible] moi que ce dernier: [illegible] celui des Mynas. Sans mentionner diverses autres [illegible] une circonstance qui ne peut laisser aucun doute à cet égard, la voici :

Le traité de la Chirobaliste (portant) le titre Ἥρωνος Ἀλεξανδρέως, etc. comme dans le ms. de Vienne, occupe trois feuillets dans celui de Mynas ; mais les feuillets deuxième et troisième ont été intervertis à la reliure, de telle sorte que le feuillet du milieu (qui aurait dû être placé au troisième rang et qui occupe le deuxième) est celui qui contient toute la fin du traité, c'est-à-dire d'abord la figure IV, puis le § V et la figure V (1). Or on peut vérifier, par la collation ci-dessous du manuscrit de Vienne, que ces trois parties s'y trouvent également intercalées entre la figure II et le § III, bien que le

(1) C'est la partie que j'ai comprise entre deux astérisques [illegible]

traité s'étend ici sur cinq feuillets différents dont le dernier est blanc *au verso*. Cette circonstance, inexplicable avant l'intervention du manuscrit de Mynas, me paraît une preuve sans réplique du rôle que j'attribue à celui-ci.

Ainsi, on peut distinguer trois sources principales de variantes, trois familles de manuscrits, représentées, la première par le ms. A et l'édition des *Mathematici veteres*, la seconde par tous les autres manuscrits de Paris excepté M, entre autres l'important exemplaire que j'ai désigné par F; enfin, la troisième, par les manuscrits L et M. La recension de ce dernier manuscrit a fourni plusieurs leçons qui améliorent sensiblement l'état du texte, et les figures qu'il présente viennent confirmer diverses conjectures qu'avait pu suggérer l'examen de la question au point de vue pratique.

Parmi les manuscrits de Paris, après M, A, F, deux seulement méritent l'attention: ce sont les mss. C et D. Quant aux autres, ils ont peu de valeur philologique. —

Voici le résultat de la collation du manuscrit de Vienne, telle que je l'avais obtenue (voir l'*Introduction*) avant de connaître le ms. M qui depuis est venu la confirmer. La planche 1re en est le complément.

Pag. 117, linea 4 : τὸ νξ ὀρχχόντων. — θ. οὗτοι. — 10. ἔξῆς κεῖται desunt.

Codex philologicus græcus 140 (numero antiquo Lamb. 110). Fol. 59 b.

... πελεκίνοις. ὧν θῆλις μὲν ... καὶ ὁ ἄρρην ... Καὶ τὸ μὲν μῆκος ... ἐχέτω δακτύλους γ ς". τὸ δὲ πάχος δακτύλους δ ς". ὁ δὲ ... μῆκος ...

tante s'étend ici sur cinq feuillets différents dont le dernier

[Greek text obscured by show-through]

αὐτῶν δακτύλων.

[lines obscured by show-through]

par le ms. A et l'édition des M... la seconde
par tous les autres manuscrits de Paris excepté M, entre autres l'important exemplaire que j'ai désigné par Γ; enfin la
troisième, par les manuscrits Γ et Μ. La recension de ce dernier manuscrit a fourni plusieurs leçons qui améliorent
sensiblement l'état du texte [] et les figures qu'il présente viennent confirmer diverses conjectures qu'avait pu suggérer
l'examen de la question du point de vue pratique.
(In reliquis sequens collatio sufficiet.)

[Greek critical apparatus obscured by show-through]

[lines obscured by show-through]

naître le ms. M qui depuis est venu la confirmer. La planche
25. en est le complément.

Pag. 117. linea 4 : τὸ ν ξ δρακόντιον. — 9. οὗτος. — 10. ἔξης
κεῖται desunt.

FIGURA quae etiam in libro impresso *secunda* est.* quam
pede presso sequitur quae est *quarta* subiecta explicatione
incipiente Πεποιήσθωσαν δὲ καὶ pag. 119. — linea a citatis
verbis prima ἔχον μὲν ἕτερον ... δακτύλου ... 6. δακτύλου
ἑνός ... τὸ πᾶν deest. — 8. κανόντων γενομένον ...

Pag. 120. ... — 3. τέρας ... ὁ ... δρακόντιος ... ὁ δὲ πάχος δρακόντιος ...

Nunc sequitur figura [Va] fol. 61 b, multis modis differens ab
impressa,* quam figuram interripit caput quod legitur pa-
gina ... incipiens a vocab. κατασκευάσθωσαν δὲ καὶ ... — 3.
κανόνας τε μικράς μᾶχος ... — 4. δακτύλους β ς΄ — ... δακτύλου
διμοίρου μικρόν πλείονα — 6. εὐμαρῶς κλέπτεσθαι — τὸ δακτύλου α΄ — 11. αὐτὸ — 14. ψ deest — συμφυῆ — 15. κανονίσκ
ἔχοντα πλάτος καὶ πάχος τὸ αὐτὸ τοῖς κανονίοις τὸ δὲ εὖρος —

16. οἱ ,α ,β ,γ ,δ ,ε ,ζ ,η ,θ — 18. δακτύλων δίο — 21. κυλίνδρων μ̄ᵃ μ̄ᵝ etc.

Pag. 118. l. 1. ἀπὸ τῶν β̄ δ̄ καὶ η̄ — l. 2. δακτύλον ᾱ καὶ δ̄
— l. 4. οἱ δὲ ,β ,γ ,δ ,ε ,ς ,ζ ,η ,θ κυλίνδροι ἐντομὰς — l. 5. τὰς
ζ̄ ξ̄ — l. 6. ἃς deest. — l. 7. χρό[...]ρον μ̄ μ̄ μ̄ μ̄ — l. 8.
δακτύλους

FIGURA [III[a]].

Pag. 118. Caput incipiens Γεγονέτω καὶ τὸ etc. l. 1. Γέγονε
δὲ τὸ καλούμενον — 2. τὸ α β γ δ ε ζ η ἔχον ἥτ τὸ μὲν γ̄
ποδὸς ᾱ καὶ — 5. τὸ θ̄κ — 6. ἑκατέρας τῶν ᾱς — 6. 7. ἑκατέρας
— 7. δακτύλων β — 11. ἔστω τὸ — 12. κανόνων — 13. μὲν δ
π ρ ς κανὼν ποδὸς ᾱ καὶ δακτύλων ῑ — 17. τοῖς ῡτ μερέσιν
δακτύλους β̄ πρὸς δὲ τοῖς ο π ρ ς δακτύλον α δ — 19. ἕκαστος
τῶν λ̄β̄ ν γ ο δ ρ ε — 21. β̄ καὶ
— 8. δακτύλους γ̄ — 14. ἔτι

NOTE

SUR

L'AUTEUR DE LA ΧΕΙΡΟΒΑΛΛΙΣΤΡΑ.

Une question importante à élucider est celle de l'authenticité de cet opuscule. Est-ce bien à Héron d'Alexandrie, disciple de Ctésibius, qu'il faut l'attribuer?

Il est vrai que le manuscrit suivi par Baldi donne, à la suite des Βελοποιϊκὰ d'Héron d'Alexandrie, la Χειροβαλίστρα avec le titre Τοῦ αὐτοῦ Ἥρωνος. Il est vrai encore que le manuscrit de Vienne porte, dans le titre même de cet opuscule, les mots Ἥρωνος Ἀλεξανδρέως. Mais malheureusement, ce dernier, malgré l'annotation de Lambécius (ci-dessus), me paraît guère remonter au-delà du seizième ou du dix-septième siècle, et le précédent est trop incorrect pour présenter une grande autorité.

Il peut donc rester quelques doutes plus ou moins fondés sur la question d'authenticité ; et ces doutes se trouvent fortifiés encore par certains mots que l'on rencontre dans notre opuscule.

Et d'abord, le mot βαλλίστρα, que les philologues considèrent comme moderne (Alexandre, *Dict. grec-français*) : d'où il résulte, *a fortiori*, que le mot χειροβαλλίστρα doit l'être aussi.

Ensuite, le mot καμβέστρια, pluriel neutre, qui paraît appartenir à la langue latine autant qu'au grec.

Puis le mot καμάριον, qui paraît pris ici dans une acception moderne.

Ne sont-ce pas là, peut-on se demander, des motifs suffisants pour attribuer ce morceau à Héron de Byzance par exemple, plutôt qu'à Héron d'Alexandrie?

Il est vrai, quant au mot καμάριον que si l'on s'arrêtait à un passage d'Eutocius (1) attestant qu'Héron avait écrit sur les καμάρα, et que cet opuscule avait été commenté par Isidore de Milet, maître d'Eutocius, on pourrait être tenté d'y voir une preuve de l'authenticité de notre opuscule. Mais les καμαρικά ne sont pas le καμάριον; et il est bien probable que, dans le passage d'Eutocius, il ne s'agit que de la mesure des voûtes; ce qui n'a rien de commun avec le καμάριον de la chirobaliste.

Le passage d'Eutocius ne prouve donc point l'authenticité de l'opuscule sur la Chirobaliste; et sur ce point j'ai l'assentiment deM. Th.-Henri Martin, que l'on peut à bon droit, considérer comme pouvant, plus sûrement que personne, fournir la solution de ce nœud délicat.

Voici, du reste, l'opinion, résumée de cet estimable savant telle qu'il a bien voulu me l'adresser:

« 1° Si, dit M. Martin, il se trouvait, dans le morceau sur la
« καμαρικά, des mots *qui ne fussent pas bien grecs*, et no-
« tamment des *mots d'origine latine*, cela ne prouverait nul-
« lement que ce morceau ne fût pas d'Héron d'Alexandrie.

« En effet, les Πνευματικά sont d'*Héron d'Alexandrie*. Or
« l'auteur y décrit, comme bien connu, un instrument nommé
« μιλιάριον. Le nom de cet instrument vient évidemment de sa
« ressemblance de forme avec la *borne milliaire* romaine (*mil-
« liarium*). (Voyez p. 224-227 de Thévenot.) — Dans ce même
« ouvrage (p. 165-166), l'auteur décrit une *somme* qui, dit-il,
« est nommée ἀσσάριον (*assarium*) *par les Romains*. — Dans le
« traité Περὶ διόπτρας, qui est incontestablement d'*Héron
« d'Alexandrie*, le chapitre final sur le βαρούλκος, chapitre
« qui est bien *du même auteur*, contient le mot πάσσος comme
« traduction du mot latin *passus* (2 pieds et demi).

« Baldi avait donc raison de dire qu'*Héron d'Alexandrie
« connaissait le latin*. (Voyez mon *Mémoire sur Héron*,
« p. 26-27.) Il n'y a en cela rien de bien étonnant; car j'ai dé-
« montré que Ctésibius, maître d'*Héron d'Alexandrie*, vivait
« sous Ptolémée VII et non sous Ptolémée III, et qu'ainsi
« *Héron d'Alexandrie a pu vivre à une époque où l'influence
« romaine était dominante à Alexandrie*. (Voyez mon *Mé-*

(1) Le mot καμάριον, dans le sens de petite voûte, est partie-

« moire, p. 22-28.) Aussi, dans le chapitre 26 du Περὶ βελοποιϊκῶν,
« voulant enseigner à mesurer la distance entre deux lieux, il
« choisit pour exemple la distance d'*Alexandrie à Rome*.
« (Voyez mon *Mémoire*, p. 91-92.) Un ou deux siècles plus tôt, il
« aurait pris pour exemple *Athènes*, et quelques siècles plus
« tard, *Byzance*.

« 2° Le mot βαλλίστρα est d'une *grécité non classique*, mais
« n'est ni *latin*, ni *plus moderne qu'Héron l'Ancien*.

« Il n'est pas latin, car il vient de βάλλω et non d'aucun mot
« latin. Il n'est pas *plus récent qu'Héron l'Ancien* (1er siècle
« av. J.-C.), car, dès l'époque de Lucilius et de Cicéron, il
« avait passé de la langue *grecque alexandrine* dans la langue
« latine sous la forme *ballista*. (Voyez *Lucilius* dans No-
« nius, XVIII, 22; Cicéron, *Tusc.*, II, 24; Tacite, *Hist.*, IV, 2;
« *Silius Italicus*, I, 334, etc.) Des manuscrits donnent la va-
« riante *ballista*, qui est fautive, et un *glossaire antique* donne
« la forme *ballistra*, qui est la transcription pure et simple
« du mot grec. Juste Lipse (*Poliorcet.*, lib. 3, dial. 3) préfère
« cette dernière forme. Mais il est constant que dans l'usage
« latin, la lettre *r* de βαλλίστρα avait disparu.

« Du reste, j'avoue que le mot grec βαλλίστρα est formé
« comme s'il venait de βαλλίζω (*sauter*) et non de βάλλω (*lan-
« cer*). Mais, de même, καταπάλτα est un mot mal formé de κατά
« et de πάλλω. Ces termes de guerre appartiennent vraisembla-
« blement au *dialecte vulgaire des soldats macédoniens* et
« *alexandrins*, dialecte plus barbare encore que le *dialecte
« lettré alexandrin* dit *hellénistique*. Les soudards macédo-
« niens des Ptolémées entendaient mieux la guerre que le beau
« langage.

« 3° Le mot καμάρωστρα (*pluriel neutre*) est plus barbare
« encore. Aussi Héron a-t-il soin de nous indiquer que c'est
« un mot qu'il emprunte *au langage vulgaire*.

« C'est un *mot grec mal formé*, mais c'est un mot *grec*
« puisqu'il vient de καμάρα. La forme classique serait τὰ καμ-
« αρώματα. Les soldats macédoniens, Byzantins, alexandrins, des
« Ptolémées, disaient τὰ καμαρώστρα. Ce mot *n'est nullement la-
« tin*, car en latin il ne pourrait être rapproché que de *cam-
« pestria*, pluriel neutre de *campestris*. Or l'instrument en
« question n'avait rien de *champêtre*. (Voyez Meister, p. 19.)

« 4° Le mot καμάρα, dans le sens de *petite voûte*, est parfai-
« tement *grec*. Mais, comme nom d'un appareil de balistique,

« il était *vulgaire*, et voilà pourquoi Héron dit τὸ καλούμενον
« χαμάριον. Il dit de même, τὸ καλούμενον κλιμάκιον, parce que le
« sens du mot *grec* κλιμάκιον, *comme terme de balistique*, était
« *vulgaire*. (Voyez p. 118 de Thévenot.)

« 5° Donc les mots *peu grecs* qui se trouvent dans le frag-
« ment sur la χειροβαλλίστρα peuvent parfaitement appartenir à
« *Héron d'Alexandrie*, qui les emprunte au *langage militaire*
« *alexandrin* du premier siècle avant Jésus-Christ.

« 6° Deux manuscrits au moins lui donnent expressément
« ce fragment. Je ne vois aucun motif de le lui ôter, et sur-
« tout de le donner à Héron de Byzance.

« Conclusions : 1° Ce fragment est *probablement* d'Héron
« d'Alexandrie; 2° Il n'y a *aucun motif* de supposer qu'il soit
« d'Héron de Byzance, écrivain du dixième siècle de notre
« ère. »

Tout ce qui précède était écrit quand le manuscrit
de Minoïde Mynas, déjà mentionné, est intervenu dans la
question, et son antiquité relative, du moins quant à Héron
de Byzance, me paraît apporter un poids considérable dans
la question. J'ai cru cependant que cette heureuse circonstance était loin de rendre superflue la discussion lumineuse
de M. Martin.

EXPLICATION DES PLANCHES.

PLANCHE I. — Cette planche est la reproduction au 1/2 des dessins du *manuscrit de Vienne* qui n'est lui-même que la copie du ms. Mynas (1). Elle est divisée en *cinq* parties correspondant respectivement aux *cinq* §§ du texte; et, pour faciliter les comparaisons, j'ai suivi la même division dans tous les dessins.

PLANCHE II. — § 1. *Canon de l'arme*, composé d'une *coulisse* (fig. 1, 2 et 3) et d'un [illegible] (fig. 2, 4 et 5).

§ 2. *Batterie*: *poignée, fourchette, gâchette, serpentin*, [illegible] (fig. 6).

PLANCHE III. — § 3. *Ressorts* [illegible] *cylindres à clavette* (fig. [illegible]).

§ 4. *Échelette* ou *climakium*, et *arcade* ou *campylion* (fig. 7 — 9).

§ 5. *Bras* ou *conoïdes* (fig. 10).

PLANCHE IV. — *Vue d'ensemble de la Chirobaliste, en élévation et en plan* (fig. 1 et 2).

[A] Diverses formes des conoïdes, telles qu'elles se trouvent dans les manuscrits.

[B] Figures diverses des cylindres à clavette.

Remarque.—L'unité de longueur adoptée par l'auteur grec est le *doigt* ou *seizième* partie du pied. Quant à cette dernière mesure, si on la suppose égale à 3 décimètres, valeur la plus vraisemblable du pied d'Héron d'A-lexandrie, lequel dérive de la coudée royale égyptienne de 28 doigts valant 525 millimètres (2), alors le doigt vaudra 18 millimètres 3/4. — Nos figures ont été construites en prenant le doigt pour 2 centimètres.

(1) Ci-dessus, pp. 19 et 23.
(2) SAIGEY : *Traité de Métrologie ancienne et moderne.*

DESCRIPTION

SERVANT DE COMMENTAIRE,

ET EXPLICATION DE LA MANOEUVRE.

---

§ I. — PLANCHE II. — COULISSE ET TIROIR.

Le *canon* de l'arme se compose premièrement d'une pièce de bois A B (fig. 1, 2 et 3), que nous appellerons *coulisse* (pièce *femelle* dans le grec), présentant inférieurement, sur une partie K C (fig. 1) de sa longueur, une entaille Q V F U (fig. 3) par laquelle elle repose sur l'*échelette* représentée figure 9 de la planche III. Sa face supérieure est creusée d'une coulisse Z A (fig. 1 et 3) à section en queue d'hironde (*fer de hache* dans le grec), dont la fig. 2 indique la forme. Son extrémité L B (fig. 1) est assemblée à tenon et mortaise dans un arc en bois H B H formant la *crosse* de l'arme, contre laquelle l'artilleur s'appuie pour armer, ajuster et tirer.

Le canon comprend une seconde pièce de bois D G (pl. II, fig. 2, 4 et 5) que nous nommons *tiroir* (pièce *mâle* dans le grec), dont la face inférieure est garnie d'une languette (D E, fig. 2 et 5) se moulant sur la rainure Z A (fig. 1 et 3) dans laquelle elle coulisse à frottement doux. Sa face supérieure est creusée de manière à recevoir le projectile.

A l'extrémité D du tiroir est fixée à articulation une poignée *a b g d* (fig. 6 et 7), laquelle, étant retenue par un goujon *i* placé près de la crosse et solidement fixé à la coulisse A B, empêche le tiroir (et par suite la batterie) d'être entraîné par la corde archère lorsque la machine est bandée.

Je dois noter cependant que ce mode d'arrêt a l'inconvénient de ne point se prêter à une tension graduée. C'est pourquoi il ne serait pas hors de propos que l'arme fût munie d'une crémaillère contre les dents de laquelle la poignée viendrait s'accrocher sous un degré variable de tension. Cette crémaillère, au lieu d'être fixée à la coulisse, pourrait l'être au tiroir : celui-ci serait alors manœuvré par un pignon sur l'arbre duquel on aurait monté une ou deux manivelles.

DESCRIPTION

§ II. — PLANCHE II. — BATTERIE.

Les fig. 6 et 7 représentent la *batterie* quand la chirobaliste est armée. — Comme au § 1, A B est la coulisse et G D le tiroir.

La corde archère *a'a'* est retenue par une *boucle b' b'' c' c''* (fig. 6, 9, 10) mobile autour de sa traverse *or*, et remarquable par deux antennes latérales *b'c'*, *b''c''*, qui s'élèvent verticalement. Cette pièce est une de celles qui caractérisent particulièrement la chirobaliste; mais le texte n'en fait pas mention, et les figures seules en indiquent l'existence et en font soupçonner l'emploi. (Au reste, cette boucle est sans utilité quand on ne veut lancer que des traits aigus.)

Une *double équerre* en métal, *oprs*, nommée *pittarium* à cause de sa forme semblable à la lettre Π, et représentée à part dans les figures 9 et 10, prête à la boucle sa traverse *or* (fig. 10) pour lui servir d'axe.

D'ailleurs, ce *pittarium* lui-même est mobile sur ses deux extrémités *p*, *s*, par lesquelles il est fixé au bois du tiroir, en R, par de petites goupilles, il est susceptible de se soulever en soulevant la boucle, de façon que celle-ci, pour le cas du jet d'une pierre, s'érige sur le tiroir en s'y implantant par sa partie inférieure, à la faveur d'une encoche, S, dont les figures 6 et 9 indiquent la forme.

Tandis que la corde archère est retenue bandée par les deux antennes de la boucle (fig. 6 et 7), la traverse supérieure de cette pièce reste accrochée par la tête ou partie antérieure *m* d'une bascule *klm* nommée *gâchette*, et la partie postérieure *k* de cette dernière est relevée par le *serpentin nx*, sorte de verrou qui, en pivotant autour du point P sur la surface du tiroir, vient ainsi, par une de ses extrémités *x*, se placer sous la queue de la gâchette. Une *fourchette ggch* (fig. 8), dont le pied est emprisonné dans le bois du tiroir, porte l'axe de la gâchette qu'elle tient ainsi suspendue.

Ainsi, comme le montrent les figures 6 et 7, la gâchette et le serpentin sont établis parallèlement à la surface supérieure du tiroir G D, tandis que la boucle y est établie perpendiculairement; et de cette disposition résulte que, si l'on pousse latéralement la queue du serpentin, son extrémité *x* abandonne la gâchette qui, en pivotant, cesse de retenir la boucle *b'c''*, et alors celle-ci se rabat horizontalement sur la face supérieure du tiroir, de manière que les deux antennes tombent à droite et à gauche du projectile placé devant elle. La corde archère *a'a'*, ainsi rendue libre, vient agir sur ce projectile et lui communiquer une certaine vitesse.

Mais remarquons, en particulier, que la corde archère, passée derrière la boucle, peut s'appuyer plus ou moins haut contre les antennes, de manière à correspondre, dans chaque cas, au centre de gravité du projectile.

Ainsi, tandis que, pour des flèches ou de petites balles, elle doit raser la face supérieure du tiroir G D en subissant l'action directe de la gâchette : au contraire, pour des projectiles plus gros, balles, pierres, etc., elle devra être plus ou moins relevée. Or, cet effet sera facilité par le jeu des bras conoïdes (dont il sera question plus loin, § V, pl. III, fig. 10) le long des broches qui les traversent, et par le déplacement que subissent en conséquence les centres de gravité de ces bras. D'ailleurs, ceux-ci peuvent en outre glisser à frottement le long des cordelettes tendues entre les cylindres (ci-après, § III, pl. III, fig. 3 à 6, et fig. 8; voy. aussi pl. IV), de manière à monter ou descendre suivant que l'on tord plus ou moins les parties inférieures ou supérieures des cordelettes.

C'est, je n'en doute plus aujourd'hui, un poids additionnel appliqué à cet effet sur les conoïdes, qu'il faut voir dans les singulières figures de ces organes, données par les mss. 2435 à 2439, 2521, 26 *suppl.*, et notamment dans celles des *Mathém. veteres* (2435) que j'avais prises autrefois pour des réservoirs d'air. — (V. pl. IV.) figures A.

Le projectile étant lancé, on soulève la poignée $a\,b\,g\,d$ (§ I, pl. II, fig. 6 et 7) pour la dégager du goujon v; puis on pousse le tiroir jusqu'à ce qu'on puisse accrocher la traverse supérieure de la boucle avec la tête de la gâchette, et l'on fait passer la corde arrière $a\,b$ par-dessus la boucle $b\,c$. Cela fait, on tire sur la poignée $a\,b\,g\,d$, et l'on ramène ainsi le tiroir dans la position des figures 6 et 7, c'est-à-dire de manière que l'extrémité b de la poignée se retrouve derrière le goujon.

Pour terminer ce qui est relatif à la batterie, j'ajouterai encore un mot qui justifiera l'opinion émise plus haut, que la boucle doit être le résultat d'une addition relativement récente. J'en trouve en effet une nouvelle preuve dans cette circonstance, que les distances XO, OP (fig. 6 et 7) sont exactement cotées, tandis que la position du point R semble rester indéterminée, et que la distance RS n'est *donnée qu'à peu près*, dit le texte : ὡς τὴν ρς.

Remarquons enfin que la partie inférieure de la boucle n'a d'utilité que pendant le temps de passer la corde par-dessus les antennes, en s'épaulant momentanément contre la partie antérieure de l'encoche pour contrebalancer ainsi l'action de la gâchette sur la traverse supérieure, action qui tendrait à renverser la boucle du côté de la crosse. Mais, dès que l'arme est bandée, la partie inférieure de la boucle devient inutile puisque cette pièce est alors, moyennant la réaction de la goupille, retenue parfaitement en équilibre sous les pressions combinées de la tête de la gâchette qui la tire de l'avant à l'arrière, et de la corde qui la repousse de l'arrière à l'avant.

— 35 —

Ressorts ou Cambestria. — Comme je l'ai dit dans l'Introduction, les
légers faisceaux de nerfs qui servent de moteur principal à la machine,
se trouvent renforcés par deux paires de ressorts ABDG, HCZE (fig. 1
et 2) placées respectivement de chaque côté de la chirobaliste, comme
l'indiquent les fig. 8 et 9.

Chacune de ces paires de ressorts se compose de deux lames en acier
AB, GD (fig. 4) à chacune desquelles on a adapté deux anses, ou
oreilles S, U, et T, R, qui servent à la maintenir dans une position convenable, mais sans nuire à sa flexibilité.

On remarquera sur les deux lames placées à l'avant de l'arme, c'est-
à-dire du côté opposé à la crosse, des renflements intérieurs que l'on pourrait croire analogues à l'hypopternis des catapultes ordinaires (1). Mais,
placés comme ils le sont, ces renflements ont évidemment pour but de
contre-balancer le mouvement de flexion que tend à produire, d'avant en
arrière, la traction exercée par la corde archère sur les ressorts pendant
que l'arme est bandée, c'est-à-dire dans la position des figures 6 et 7.

Cylindres à clavette (2). — Ces cylindres, au nombre de 4, creux, à peu
près en forme de clochettes, et représentés par les figures 3 à 6 de la
planche III, sont munis, en leurs milieux, de rondelles qui leur servent
d'épaulement et traversés par des clavettes mobiles portant des crochets.
La fig. 8 de cette planche, ainsi que les figures 1 et 2 de la planche IV,
indiquent la position des cylindres avec leurs rondelles, ensemble
analogue aux barillets des machines décrites par Héron, les clavettes
remplaçant ici les épizygides. Quant aux crochets portés par les clavettes,
crochets non mentionnés dans le texte, la réflexion prouve qu'ils doivent
servir à supporter la tension des cordelettes substituées aux Tons ou
faisceaux de nerfs des machines ordinaires. En tournant les cylindres au
moyen des clavettes, on tord les cordes et l'on donne à leur ensemble le
degré de tension convenable. (V. pl. IV, figure 3.)

____

(1) Philon (*Vet. Mathem.*, p. 66).

(2) Le mot χυλινδρος signifie en général et spécialement ici *corps rond,
surface de révolution*.

§ IV. — Planche III. — Arcade ou Camarium. — Échelette ou Climakïum.

La charpente ou partie fixe de la chirobaliste se compose :

1° D'un bâti, servant de base, appelé *échelette* ou *climakium ;* la fig. 9 en représente le plan, et la partie inférieure de la fig. 8 en donne la vue de face du côté de l'arrière ou de la crosse ;

2° D'une lame flexible faisant ressort, appelée *arcade* ou *camarium ;* elle est représentée en plan par la fig. 7 ; la partie supérieure de la fig. 8 en montre l'élévation.

3° L'échelette et l'arcade sont reliées entre elles par les ressorts ; elles se rapprochent quand la tension de la corde archère, en rapprochant les barillets supérieurs et inférieurs, augmente la courbure des ressorts ; l'effet contraire se produit quand la corde archère est relâchée.

Mais il faut observer que cet effet de rapprochement et d'écartement ne pourrait se faire avec régularité si le mouvement de l'arcade n'était conduit et dirigé par de doubles équerres J, J (fig. 8), en forme de T, qui lui servent de guides et d'appuis.

L'échelette servant de base se compose (fig. 9) de deux longerons en bois LMNX, OPRS, reliés entre eux, d'abord en leurs milieux par une pièce rectangulaire TU qui les retient solidement fixés à une distance constante, et vers leurs extrémités par d'autres pièces cylindriques auxquelles un certain jeu est permis.

Quatre tenons A, B, Z, H, fixés à l'arcade (fig. 7 et 8), et quatre autres, B′, D′, G′, E′, fixés aux longerons de la base (fig. 8 et 9), retiennent fixés entre eux les ressorts et la charpente, tout en leur laissant une flexibilité convenable : c'est ce que montre plus complétement la fig. 1 de la planche IV.

On remarque, liés à la figure de l'échelette telle que la représentent les manuscrits, des arcs-boutants semi-circulaires ayant vraisemblablement pour but d'opposer une résistance à la torsion que la corde archère, lorsqu'elle est bandée, tend à exercer sur les longerons par l'intermédiaire des cambestria : telle est en effet l'espèce de réaction que doivent produire ces arcs, en s'engageant par leurs extrémités dans des mortaises pratiquées à l'avant des longerons, et en s'appuyant par leurs milieux contre la surface inférieure du canon.

Les dimensions respectives des diverses pièces de cet assemblage fournissent d'ailleurs des vérifications qu'il est utile de constater.

D'abord, quant à la largeur de la machine, les longerons ont respectivement pour longueurs 30 *doigts* et 28 *doigts* en y comprenant les tenons ou abouts (1). Or, aux longueurs de ces longerons correspondent dans

(1) V. ci après, p. 59.

le toit la longueur de 23 1/2 *doigts*, *plus* 6 *doigts* d'une part, et *plus* 4 *doigts* de l'autre, 6 et 4 étant les doubles longueurs des branches ou tenons extrêmes A, Z, B, H (pl. III, fig. 7). En résumé, aux 30 *doigts* de l'échelette en correspondent 29 1/2 du toit, et aux 28 *doigts* en correspondent 27 1/2.

Voilà pour la largeur de la machine (largeur qui n'est autre que la longueur des pièces dont on vient de parler). Quant à la hauteur, elle se vérifie en ajoutant les épaisseurs des deux pièces du canon, c'est-à-dire 4 1/2 *doigts* pour la coulisse avec 1 *doigt* pour le tiroir, ce qui fait un total de 5 *doigts* 1/2, égal, à 1/4 de doigt près, à la moitié de la longueur des ressorts : ce quart de doigt peut être pris pour l'épaisseur du trait.

§ V. — Planche III. -- Bras ou Conoïdes.

Les *bras* ou *leviers* de la chirobaliste, A B G D, E Z H C (fig. 10), que d'après le ms. de Mynas on se représenterait volontiers comme formés de feuilles métalliques repliées sur elles-mêmes en manière d'entonnoirs (V. ci-dessus l'*Introduction*, p. 11, ainsi que la planche Ire), sont deux troncs de cônes creusés d'une rainure rectangulaire sur à peu près les deux tiers de leur longueur. Dans le fond de cette rainure, suivant l'axe du tronc de cône, est logée une tige carrée en fer, se recourbant à une extrémité pour former un anneau ouvert ou collier plus ou moins flexible, K L, X O, qui entoure le tronc de cône ; à l'autre extrémité, cette tige se termine par un crochet, MN, PR, auquel est fixée la corde archère ; c'est ce que montrent la figure 8 de la planche III et la figure 2 de la planche IV. Le tout est disposé pour que la tige laisse glisser, suivant sa longueur, le tronc de cône qui lui sert d'enveloppe, de manière à permettre au système qu'ils forment ensemble de s'allonger ou de se raccourcir suivant le besoin.

Comme nous l'avons dit plus haut (§ II), le centre de gravité des conoïdes se déplace dans ce mouvement, ce qui permet de relever ou d'abaisser la corde archère. Il faut observer en outre, que le manche de chaque conoïde paraît recouvert d'une enveloppe flexible (de cuir par exemple) remplie d'une matière souple (comme de l'étoupe) et susceptible de former un bourrelet ou coussin, de telle manière que l'ensemble puisse glisser à frottement dans l'anneau de la tige de fer.

Il est bon d'ajouter, enfin, que la disposition adoptée pour les conoïdes, c'est-à-dire le renversement des bras et leur direction de dehors en dedans, disposition tout à fait contraire à celle des machines ordinaires, paraît justifiée par les figures de la colonne Trajane et autres représentations que l'on trouve à la suite de la *Notice de l'Empire* (*Notitia imperii*), lesquelles ne laissent voir à l'extérieur aucune trace de bras ou de cordes, et où, comme dit le texte, la machine semble lancer des flèches, non au moyen de cordes, mais au moyen de *rais* : *Hoc balistæ genus sagittas ex se non ut aliæ funibus sed radiis ejaculatur.*

§ VI. — PLANCHE IV. — VUE D'ENSEMBLE DE LA CHIROBALISTE.

Ce qui précède étant bien compris, la lecture des dessins de cette planche, représentant l'ensemble de la Chirobaliste, se fait aisément sans exiger de commentaires.

Ainsi, quand la chirobaliste est au repos, la corde archère et les troncs de cône, en contournant les équerres en T du § IV, restent à peu près dans un plan horizontal (fig. 8, pl. III), tandis que les cordelettes qui jouent le rôle de Tons restent à peu près dans un même plan vertical. Au contraire, la chirobaliste étant armée, la corde archère est inflé-chie dans le plan horizontal, comme le montre la figure 2, planche IV, Or, cet effet exige que les colliers K L, X O (pl. III, fig. 10), se rappro-chent un peu de l'axe de l'appareil. Par suite, les cordelettes (ou Tons), pressées et poussées par ces colliers, subissent une légère inclinaison de l'a-vant vers l'arrière, comme le montrent les figures de la planche IV. La possibilité de ces divers mouvements résulte avec évidence de la flexibilité, de l'extensibilité et de l'élasticité des cordes.

Pour faire usage de la chirobaliste, il faut, à ce qu'il semble, la placer sur un support, un mur par exemple, en la posant sur une pierre saillante dont la largeur ne dépasse pas l'écartement des cylindres à clavette J et H (fig. 8, pl. III). En admettant que cette machine soit analogue à celles que représente la colonne Trajane, comme nous venons de le dire et comme il est permis de le supposer, on peut croire que les ressorts sont enchâssés dans des caissons en bois ; alors l'appareil peut reposer directement sur le mur par les faces inférieures de ces caissons. Et il est vraisemblable aussi que leur emploi rend inutile celui des équerres en T du § V.

TABLEAU RÉSUMÉ

DES DIMENSIONS DE LA CHIROBALISTE.

DÉSIGNATION DES PIÈCES DE L'ARME.	NOMBRE des PARTIES similaires.	DIMENSIONS EXPRIMÉES EN LONGUEUR DE DOIGT.					OBSERVATIONS.
		LONGUEUR.	LARGEUR.	ÉPAISSEUR ou HAUTEUR.	DIAMÈTRE.	DISTANCE ou ESPACEMENT.	
§ 1.							
Pièce à coulisse.	1	52 »	3 1/2	4 1/2	» »	» »	
Rainure en queue d'hironde . . .	1	46 »	» »	1	» »	» »	
Entaille sous la coulisse.	1	7 »	3 1/2	1 1/2	» »	» »	
Distance de l'entaille à la crosse.	1	» »	» »	» »	» »	28 »	
Distance à l'autre bout.	1	» »	» »	» »	» »	17 »	
Tiroir.	1	48 »	2 1/2	1 1/4(a)	» »	» »	(a) Sans la languette.
Languette.	1	48 »	» »	1	» »	» »	
Rigole pour la flèche.	1	32 »	» »	» 1/4(b)	» »	» »	(b) Profondeur probable.
§ 2.							
Distance du bout du tiroir. . . .							
. . . . . . à l'axe du serpentin. .	1	» »	» »	» »	» »	4 »	
. . . . . à l'axe de la gâchette. .	1	» »	» »	» »	» »	11 »	
. . . . . . à l'axe du *pittarium*. .	1	» »	» »	» »	» »	11 1/2	Conjectural.

Cambestria ou ressorts	4	10	1/2	1	2/3	flexible.		»	»	3	1/2	Par couples.
Rondelles (haut et bas)	4	»	»	1	»	»	»	2	»	»	»	Diamètre intérieur.
Ouvertures des oreilles latérales.	8	»	»	1	2/3	»	2/3[c]	»	»	»	»	[c] Hauteur.
Cylindres en bronze	4	2	»	»	»	flexible.		1	1/3	»	»	
Rondelles d'appui	4	»	»	»	2/3	id.		2	2/3[d]	»	»	[d] Grand diamètre.
Dist. des rond. aux sommets des cyl.	4	»	»	»	»	»	»	»	»	1	1/4	
Clavettes	4	3	»	»	2/3	flexible.		»	»	»	»	
§ 4.												
Arcade ou toit	1	23	1/2	»	»	»	»	»	»	»	»	
Ouverture de la petite voûte . . .	1	»	»	»	»	»	»	5	»	»	»	
Branches longues en saillie . . .	2	4[e]	»	»	»	flexible.		»	»	»	»	[e] Probablement 3.
Id. courtes id.	2	2	»	»	»	id.		»	»	»	»	
Espacement de ces branches . . .	2	»	»	»	»	»	»	»	»	3	1/2	Par couples.
Longerons de l'échelette . . { grand.	1	26	»	»	»	»	»	»	»	»	»	
{ petit. .	1	24	»	»	»	»	»	»	»	»	»	
Id. { au milieu	2	»	»	2	»	{ 2	»	»	»	3	»	Incertain.
{ aux abouts	4	»	»	3	1/4	{ 3	1/4	»	»	1	3/4	
Longueur des tenons	4	2	»	»	»	»	»	»	»	»	»	
Traverses de l'échelette	3	3	»	2	1/2	»	»	»	»	»	»	
Équerres en T	4	8 ou 9[f]		1	»	»	»	»	»	2	1/2	[f] Il y a 1 dans le texte, sans doute par erreur.
§ 5.												
Bras en forme de conoïdes	2	11	»	»	»	»	»	»	»	»	»	
Diamètres extrêmes . . . { petit. .	2	»	»	»	»	»	»	»	1/2	»	»	
{ grand.	2	»	»	»	»	»	»	1	»	»	»	
Saillie des crochets	2	»	1/2	»	»	»	»	»	»	»	»	

NOTE

SUR

LE CALIBRE DE LA CHIROBALISTE.

Les dimensions des catapultes ordinaires s'évaluent par la longueur du *trait*, et celles des balistes par le poids du projectile que la machine doit lancer.

De l'une ou de l'autre de ces données on déduit le diamètre de la *lucarne* ou du *trou* dans lequel doit passer l'écheveau de *nerfs*, nommé *ton*, dont l'élasticité constitue la force motrice de la machine, et c'est ce diamètre qui sert de *module* pour la détermination de toutes les dimensions des diverses pièces.

Ici, la question est beaucoup plus simple, puisque le module est directement donné (égal à 2 *doigts*), par le diamètre intérieur des rondelles qui relient entre elles les extrémités des ressorts. Comme le module des catapultes est le 9ᵉ de la longueur du trait, il s'ensuit que le trait aurait ici 18 *doigts* : c'est la moitié du trait correspondant à la machine prise ordinairement pour type du petit calibre, savoir à la machine de 3 spithames ou 36 doigts.

Voyons maintenant, en considérant la machine comme une baliste, quel serait le poids de la balle qu'elle pourrait lancer.

D'après la théorie exposée par Héron et Philon, il faut, en prenant le doigt pour unité de longueur, et représentant par x le poids du projectile exprimé en drachmes ou centièmes de la mine, poser l'équation

$$\frac{11}{10} \sqrt[3]{x} = 2$$

(le second membre exprimant le module déterminé ci-dessus).

De là on tire $\quad x = \left(\frac{20}{11}\right)^3 = 6$ *drachmes* à très-peu près :

c'est-à-dire un peu moins de 20 grammes, la mine de 10 drachmes valant 324 grammes suivant M. Saigey (*Métrol.*, p. 37).

J'ai pesé trois projectiles antiques de plomb et de forme

amygdaloïde (forme ordinaire de ces sortes d'objets) qu'a bien voulu me communiquer M. Edm. Leblant, et je leur ai trouvé environ 30 gr., 46 gr., et 57 gr.

De plus, mon savant confrère M. de Longpérier a eu l'obligeance de peser, à ma prière, une série de 18 projectiles du même genre que possède depuis longtemps le Musée du Louvre, et il a trouvé 27 grammes pour les plus faibles ; les plus considérables vont à 70 grammes. — 8 autres de la collection Campana varient de 40 à 71 grammes, toujours d'après le même savant (1).

Il semblerait donc que la force de la machine dont il s'agit ici serait de beaucoup inférieure à celle des machines qui servaient communément à lancer les projectiles dont nous connaissons des échantillons. Mais il faut observer à cet égard que le mode d'action de la chirobaliste est bien différent de celui des catapultes ordinaires ; il n'y a donc rien d'exorbitant à lui supposer une puissance relative bien supérieure. L'expérience seule pourra décider sur ce point que je me permets de recommander tout particulièrement à l'attention de M. le Capitaine de Reffye.

Quoi qu'il en soit, ces machines avaient le défaut, signalé par Philon (2), d'être facilement mises hors de service par les influences atmosphériques, comme les anciens l'avaient bien reconnu (3) ; et il n'est pas étonnant que l'on ait cherché les moyens d'obvier à ce grave inconvénient, en diminuant l'importance de l'élément névrotone.

(1) On peut être curieux de comparer à ces divers nombres ceux des calibres de l'an IX, qui sont de 18 gr.,8 pour la gendarmerie, et de 27 grammes pour les diverses troupes de ligne.

(2) *Mathem. vet.*, p. 72 ; § VI de ma traduction (inédite).

(3) C'est ce que confirme un passage d'Eutrope, rappelé par M. Maissiat dans son Mémoire (lu à l'Académie des Inscriptions et Belles-Lettres) sur les 1re et 7e campagnes de César en Gaule : *Quod (oppidum Genabum) diu oppugnatum, tandem..... pluvio die, cum hostilium machinarum amenta nervique languerent,..... captum atque deletum est.* (*Eutropii epitome belli Gallici*, en tête des Commentaires de César ; Paris, Marnef, 1564, p. 55.) — Voyez encore dans Florus (*Rerum a Rom. gest.*, lib. II, cap. 8), le récit de la défaite d'Antiochus : *..... imbre, qui subito superfusus..... Persicos arcus corruperat*, etc. — Comp. Meister, p. 17.

ΗΡΩΝΟΣ ΑΛΕΞΑΝΔΡΕΩΣ

ΧΕΙΡΟΒΑΛΛΙΣΤΡΑΣ

ΚΑΤΑΣΚΕΥΗ ΚΑΙ ΣΥΜΜΕΤΡΙΑ

CONSTRUCTION ET DIMENSIONS

DE LA

CHIROBALISTE

D'HÉRON D'ALEXANDRIE

ΧΕΙΡΟΒΑΛΛΙΣΤΡΑΣ

ΚΑΤΑΣΚΕΥΗ ΚΑΙ ΣΥΜΜΕΤΡΙΑ (*).

[ΚΕΦΑΛΑΙΟΝ $\bar{α}$.]

Thév.
p. 115.

Γεγονέτωσαν κανόνες δύο πελεκινωτοὶ οἱ ΑΒ, ΓΔ, ἐν τετραγώνοις πελεκίνοις, ὧν θῆλυς μὲν ἔστω ὁ ΑΒ, ἄρρην δὲ ὁ ΓΔ.

Καὶ τὸ μὲν μῆκος ἐχέτω ὁ ΑΒ πόδας $\bar{γ}$ καὶ δακτύλους
5 $\bar{δ}$, τὸ δὲ πλάτος ἐχέτω δακτύλους $\bar{γ}$ ⸏, τὸ δὲ πάχος δακτύλους δ ⸏.

Ὁ δὲ ΓΔ τὸ μῆκος ἐχέτω πόδας $\bar{γ}$, τὸ δὲ πλάτος ὡς δακτύλους $\bar{β}$ ⸏, τὸ δὲ πάχος δάκτυλον $\bar{α}$ δ.

Ἐχέτω δὲ τὸ βάθος ὁ σωλὴν τοῦ ΑΒ κανόνος δάκτυλον $\bar{α}$.
10 Τοῦ δὲ ΑΒ κανόνος ἡ μὲν ΑΖ σεσωληνίσθω οὖσα ποδῶν $\bar{β}$ ⸏ δακτύλων $\bar{ς}$ · λοιπὴ ἄρα ἐστὶν ἡ ΖΒ δακτύλων $\bar{ς}$.

Ἀπειλήφθω δὲ τοῦ ΑΒ κανόνος ἡ [μὲν] ΛΘ ποδὸς $\bar{α}$ ⸏

(*) *Veteres Mathematici*, ed. Thévenot., p. 115. — T om. Ἀλεξανδρέως. — M: συμμετρίας corrigé par L en συμμετρία.

Ligne 8. T om. δακτύλους, et après δάκτυλον il a une virgule suivie de ὁ δὲ αδ· ἐχέτω.

9. LM: δεχέτω. — T: δάκτυλον αε.

10. T: σωλῆνος ὁ μὲν οζ au lieu de κανόνος ἡ μὲν αζ. — ML: ἐχέτω δὲ τὸ βάθος au lieu de τοῦ δὲ αβ κανόνος.

11. T: ζλ au lieu de ζβ.

12. T et tous les mss. : Ἀπ. δὲ πάλιν τοῦ αβ.

DE

LA CHIROBALISTE

ΚΑΤΑΣΚΕΥΗ ΚΑΙ ΣΥΜΜΕΤΡΙΑ (*)

D'HÉRON D'ALEXANDRIE.

§ Iᵉʳ. — Planche II.

Soient deux règles A B, G D [fig. 1 à 5], façonnées en fer de hache quadrangulaire [c'est-à-dire en queue d'hironde], dont A B soit la femelle [ou la *coulisse*, fig. 1, 2, 3] et G D le mâle [ou le *tiroir*, fig. 2, 4, 5].

La coulisse A B doit avoir 3 *pieds et* 4 *doigts* [ou 52 *doigts*] de longueur, 3 *doigts* 1/2 de largeur, 4 *doigts* 1/2 d'épaisseur;

Et le tiroir G D, 3 *pieds* [ou 48 *doigts*] de longueur, 2 *doigts* 1/2 de largeur, et 1 *doigt* 1/4 d'épaisseur [sans la languette].

La profondeur de la rainure [E Z, fig. 3] de la règle A-B sera de 1 *doigt*. Quant à la longueur A Z [fig. 1 et 3] de cette rainure, elle sera de 2 *pieds* 1/2 *et* 6 *doigts* [46 *doigts*] environ; de sorte que la partie restante Z B sera de 6 *doigts*.

Maintenant, mesurons sur la règle A B une longueur L C [fig. 1] de 1 *pied* 1/2 *et* 4 *doigts*

καὶ δακτύλων δ̄, ἡ δὲ ΑΚ ποδὸς ᾱ καὶ δακτύλων ιᾱ· λοιπὴ
ἄρα ἡ ΘΚ ἔσται δακτύλων ζ̄.

15   Ἀπειλήφθω δὲ πάλιν τοῦ ΑΒ κανόνος τοῦ πάχους τῶν
δακτύλων ... δάκτυλος α ... καὶ πεπημήσθω
ΑΚ καὶ τῆς ΛΘ, ὥστε εἶναι τὸ ΘΚ μέρος τῶν αὐτῶν δακτύλων ... τουτέστι [ΧΨ] Φ ...

Γεγονέτω δὲ καὶ σωληνοειδές τι σχῆμα τὸ ΒΗ · καὶ
p. 116. 20. ... ἀναγεγράφθω ... τετράγων ...
τῷ ΑΒ ἄκρῳ τοῦ ΑΒ κανονίου, ὡς τὸ σχῆμα ὑ[πόκειται].

Τοῦ δὲ ΓΔ κανόνος ἡ μὲν ... ΕΔ ... ἄρην πελεκῖνος,
... ΑΔ ... πελεκ ... ἐγγεγόνέτω ...
... νος, τῷ ΔΖ μέρει, τουτέστι τὸ ΔΕ μέρος τοῦ ΓΔ κανόνος.

13. Τ : ἡ δὲ κ.
16. Τ : δζ ... αζ.
17. 20 illisible dans M ; par suite, lacune dans L.
18. M et L : τουτέστιν τὴν ... — M et L : ... παρὰ φ...
22. Τ : γδ ... δγ.
24. Τ : τῷ δὲ μέρος.

[28 *doigts*]; puis [à partir de l'autre bout] une longueur A K de 1 *pied et* 1 *doigt* [17 *doigts*] : la partie intermédiaire restante CK sera ainsi de 7 *doigts*.

Alors, sur les 4 *doigts* 1/2 d'épaisseur de la règle A B prenons 1 *doigt* 1/2, et entaillons le bois à cette profondeur, de sorte qu'entre A K d'une part et L C de l'autre, la partie restante C K n'ait plus qu'une portion [les 2/3] des 4 *doigts* 1/2, en présentant la cavité Q V U F [fig. 3].

Soit enfin une crosse à branches courbes H B H [fig. 1], présentant en son milieu une mortaise quadrangulaire pour recevoir un tenon L B que porte l'about de la règle A B, comme on le voit dans la figure [fig. 1 et 3].

[Quant à l'agencement des deux pièces,] la languette D E [fig. 5] en fer de hache dont est muni le tiroir G D [fig. 2, 4 et 5], s'emboîte dans la rainure de la coulisse A B, pratiquée de A en Z [fig. 1 et 3] sur une profondeur égale à l'épaisseur de cette languette du tiroir G D (1).

(1) Le texte de ce paragraphe ne fait aucune mention de la cannelure qui doit cependant, conformément à la description générale donnée par la Bélopée d'Héron, être creusée le long du tiroir, à partir du *pittarium*, pour servir de siége au projectile et assurer sa direction.

On peut supposer que sa profondeur est de 1/4 *de doigt*, et que l'épaisseur de 1 *doigt* 1/4 attribuée au tiroir a été fixée ainsi avec l'intention de lui donner 1 *doigt* d'épaisseur proprement dite en laissant 1/4 *de doigt* de hauteur aux rebords latéraux, le tout *abstraction faite de la languette,* dont l'épaisseur est implicitement déterminée par la profondeur de la rainure de la coulisse, profondeur qui doit être identique à cette épaisseur.

[ΚΕΦΑΛΑΙΟΝ β.]

25 Νῦν δὴ τὰ περὶ τῆς κλείσεως ἐκθησόμεθα νῦν

Γεγονέτω ἐξ ὕλης σιδηρᾶς χειρολάβη αβγδ τῷ σχή-
ματι οἷα ὑπογέγραπται.

Δίχηλον δὲ τὸ εζ μέρος ἔχων θ, κη τόρμος τε-
τράγωνος· σχαστηρία δὲ κλμ· δρακόντιον δὲ τὸ νξ· πιτ-
30 τάριον δὲ τὸ οπρς.

Καὶ τετρήσθω ἡ αβγδ χειρολάβη κατὰ τὸ δ ὁ δὲ
ΓΔ κἀγὼν ὁ ἐν τῷ πρώτῳ θεωρήματι τετρήσθω κατὰ
Μ, Ν, Ξ· καὶ κατὰ μὲν τὰ Μ, Ν, στρογγύλῳ τρήματι
διαμπερές, κατὰ δὲ τὸ Ξ παραλληλογράμμῳ· καὶ οὕτω
35 ἐναρμόσθω ἡ χειρολάβη, ὥσπερ περόνην, διὰ τῆς ΜΝ δι-
ωσθῆναι καὶ διὰ τοῦ Ξ τρήματος τῆς χειρολάβης κινωθῆναι.

Τρήσαντες δὲ τὸ εθ δίχηλον κατὰ [τὰ] ετ, Ю, καὶ τὴν
κλμ σχαστηρίαν κατὰ τὸ φ, καὶ ἐμβάλλοντες περόνην δι᾽

25. T : δὲ. — BIFML : δὴ. — T et tous les mss. : κλίσεως.

28. T : ἔχον, τὸ δὲ ζθ τόρμιος. — FHI : ἔχων ... τόρμος. — LM :
ἔχουσα τορμὸς.

29. T : κλμνξ, ... μνξ ...

32. T : εθ. — T : τετρ. κατὰ τὸ ...

33. M om. τὰ. — L : κατὰ τὰ μὲν.

34. T et A : παρ. . γράμμος. — L et M : παρ. . γράμμω. — Tous les
autres : παρ.. γράμμω.

36. T : κινηθ. — BCEFH : κὺνωθ. — L et M : κεχυνωσθ ...

37. T : τὸ ιθ δίχηλ. — T et A : κατὰ τὸ τυ. — D : τυς. — Tous les
autres om. τὸ.

38. M : ἐμβαλ.

[§ II. — Planche II.]

Nous exposerons maintenant ce qui est relatif au jeu de la batterie.

Soit [d'abord] une *poignée* en métal de fer (1) *a b g d* (2) [fig. 6 et 7], dont la forme est indiquée par la figure.

Soit ensuite une pièce *e z c h* [fig. 6 et 8] présentant en *e z* une *fourchette* ou *mâchoire*, et en *h c* un *tenon carré*; puis *k l m* [fig. 6 et 7] la *gâchette*; puis *n x* le *serpentin* (3); puis enfin *o s* un *pittarium* [c'est-à-dire une sorte d'*étrier* ayant la forme de la lettre Π, fig. 9 et 10].

Cela posé, la poignée *a b g d* [fig. 6 et 7] sera percée d'un trou en *d*; puis le tiroir GD décrit dans le premier paragraphe (4) sera évidé 1° suivant MN, 2° en X, savoir : il sera percé suivant MN d'un trou rond traversant de part en part, et il recevra en X une entaille rectangulaire. Cela fait, la poignée s'assemblera [avec le tiroir] au moyen d'une goupille que l'on poussera suivant MN, et qui ira s'emboîter dans le trou *d* de la poignée.

D'ailleurs, après avoir perforé chaque branche de la fourchette *e z c h* [fig. 6 et 8] en *t* et en *u*, puis la gâchette *k l m* en *f* [fig. 6 et 7], poussant

---

(1) La langue grecque ne distingue pas le fer de l'acier; il s'agit sans doute ici d'acier natif.

(2) Une partie des lettres employées dans ce paragraphe se rapportant au paragraphe précédent, j'ai dû, dans l'intérêt de la clarté, et *par exception*, employer de petites lettres pour désigner les diverses pièces de la *batterie*, en conservant les grandes lettres pour le canon (crosse, coulisse et tiroir).

(3) Cette pièce est celle qui, dans la *Bélopée* d'Héron, porte le nom de δραχόνετον : je soupçonne ces deux pièces, la gâchette et le serpentin, d'avoir pris la place l'une de l'autre.

(4) Le grec dit du *premier théorème*. — Même remarque pour la suite.

[illegible] δακτύλων [illegible]
40 [illegible]

Λαβόντες οὖν τὴν ΔΟ ἐπὶ τοῦ ΔΓ κανόνος δακτύ-
λων [illegible], καὶ τρήσαντες κατὰ τὸ Ο, καθίεμεν τὸ εθ δίγκλον, καὶ
45 κινοῦμεν ὥστε ἀκίνητον διαμένειν.
Ἔπειτα τρήσαντες τὸ νζ δρακόντιον κατὰ τὸ [illegible] καὶ
τὸν ΓΔ κανόνα κατὰ τὸ Π (τὸν ἐν τῷ πρώτῳ θεωρή[ματι])

p. 117. ἀπέχον[τα] [illegible] Μ δακτύλων δ, καὶ καθέντες [illegible]
[illegible] τοῦ δρακοντίου καὶ τοῦ Π περόνην, κανοῦμεν [illegible]
50 εὐχερῶς [illegible] δρακόντιον [illegible]
[illegible]
[illegible] Ρ [illegible]
[illegible]
κατὰ τὸ Σ, (καὶ) οὕτω καθίεμεν ἐν τῷ ΓΔ κανόνι, ὅστις
55 ἐστὶν ἐν τῷ πρώτῳ θεωρήματι.

43. T : τὴν δθ. — Les mss. D et K sont les seuls qui donnent le nombre [illegible]. Les autres donnent tous [illegible] avec Thévenot [illegible].

44. M : καθίεμεν.

45. T : κινοῦμεν. — M : κοιν[illegible].

46. T : τὸ νξ. — BFHI : τὸν ξ. — CDE : τοῦ ξ. — L : τὸ νζ. — M : τὸν ν.

47. T et A : τὸν νγδ. — Tous les autres : γδ. — T : τὸν Π τὸν ἐν τῷ α'. — Les mots κατὰ τὸ Π paraissent devoir être transportés après la parenthèse.

48. M : [illegible].

49. M : κινοῦμεν.

50. T : τὸ ξ. — FLM : τὸ νζ.

52. T : γδ.

54. M : καθίεμεν τῷ.

une goupille dans les trois trous, et nous l'enchâsserons de manière que la gâchette pourra pivoter à l'entour en toute liberté. De plus, cette dernière pièce doit présenter du côté *m* [fig. 6 et 7] une fente de 1 *doigt* de longueur.

Prenant donc sur le tiroir D G [fig. 6 et 7] une longueur D O de 11 *doigts*, et pratiquant une mortaise en O, nous y enfoncerons la fourchette *e z a h*, et nous l'encastrerons en l'enfonçant jusqu'au refus.

Ensuite, perçant un trou au point M du serpentin, et perçant de même le tiroir G D (du premier paragraphe) au point P situé à 4 *doigts* de distance de la ligne MN, nous enfoncerons dans l'œil *u* du serpentin et dans le trou P une goupille autour de laquelle le serpentin *ux* pourra pivoter librement.

Prenant de nouveau, à partir de la poignée *a b g d*, la distance X R (1) [fig. 6 et 7], perçons [le bois] en R; puis, à la suite, après avoir mesuré 4 *doigts* 1/2, comme RS, pratiquons en S une encoche. Nous pourrons ainsi fixer [le *pittarium*] et la boucle (fig. 6, 7, 9, 10) sur le tiroir G D du premier paragraphe.

S'ensuit la figure [fig. 6 et 7].

(1) Quelle est cette distance? Le texte n'en dit rien. On peut supposer que le point R est placé peu après le point O, où s'implante la fourchette; mais rien cependant ne paraîtrait s'opposer à ce qu'il fût établi entre ce point O et le point P autour duquel pivote le serpentin.

ΚΕΦΑΛΑΙΟΝ Ζ΄.

Κατεσκευάσθωσαν δὲ […] αὐτοῖς καὶ τὰ […]

Ποιήσαντες γὰρ σιδηροῦς κανόνας δ΄ τὸ μῆκος, ἔχοντας
60 ἑκάτερον δακτύλους [ι] πλάτος δὲ δακτύλου δίμοιρον
μικρῷ πλείω, πάχος δὲ ὥστε μὴ εὐχερῶς κάμπτεσθαι.

Ἔστωσαν δὲ οἱ ΑΒ, ΓΔ, ΕΖ, ΗΘ, οἷοι εἰσὶ τῷ σχή-
ματι καταγεγραμμένοι, ἔχοντες συμφυεῖς κρίκους τοὺς
ΚΛ, ΜΝ, ΞΟ, ΠΡ, τὸ εὖρος ἔχοντας δακτύλους,
65 τὸ δὲ πλάτος δακτύλου ἑνός, τὸ δὲ πάχ[…] αὐτο[…]

Ἔστω δὲ τὸ μεταξὺ […] διάστημα τῶν κανονίων δ[…]

Γεγονέτωσαν δὲ καὶ πιττάρια τὰ Σ, Τ, Υ, Φ,
70 Χ, Ψ, Ω, Α, συμφυῆ τοῖς ΑΒ, ΓΔ, ΕΖ, ΗΘ κανονίοις,
ἔχοντα πλάτος καὶ πάχος τὸ αὐτὸ τοῖς κανονίοις, τὸ δὲ
εὖρος δακτύλου δίμοιρον.

57. T et les mss. : κατασχ.

60. T et tous les mss. exc. L et M : εἴκοσι ; c'est le nombre I <, ma-
ladroitement écrit, qui s'est trouvé transformé en K ou εἴκοσι, d'où la
grave erreur des manuscrits signalée dans l'*Introduction* (p. 19). — M :
δακτύλους διμοίρου οὐ πλεῖον […]

61. L : εὐμαρῶς κλέπτεσθαι. — M : εὐμερῶς κλῆπτ.

64. T : εὖρος.

67. M : κανόνων […]

70. Les huit mots suivants, savoir : ἔχοντα πλ. κ. π. τ. α. τ. κανονίοις, sont donnés par les seuls mss. L et M ; leur suppression dans tous
les autres mss. a eu pour cause évidente la répétition du mot κανονίοις.

71. M : εὖρον.

72. T et A : δάκτυλον δίμοιρον. — Tous les autres : δακτύλου διμοίρου.

[§ III. — Planche II.]

Il faut maintenant construire les [ressorts ou] *cambestria* (comme on les nomme), ce qui se fait de la manière suivante.

On prend quatre règles [ou lames] d'acier (1), ayant chacune 16 *doigts* 1/2 de longueur, une largeur de 1 *doigt* 2/3 ou un peu plus, et une épaisseur convenable pour les empêcher de fléchir trop facilement.

Soient ces lames A B, G D, E Z, H C, telles que les représente le dessin [fig. 1 et 1 bis (2)], assemblées [deux à deux] au moyen de rondelles K L, M N, X O, P R, faisant corps avec elles, et devant avoir 2 *doigts* d'ouverture, 1 *doigt* de largeur, et une épaisseur égale à celle des lames.

L'espacement des [couples de] lames doit d'ailleurs être de 3 *doigts* 1/2.

Soient en outre des anses S T, U F, Q V, Y A', fixées aux lames A B, G D, E Z, H C, et présentant la même largeur et la même épaisseur que celles-ci, avec une ouverture de 2/3 *de doigt*.

(1) Voir plus haut, p. 51, note 1.

(2) La figure 1 *bis* représente une paire de lames vue du côté de l'a-

Ἔστωσαν δὲ καὶ κύλινδροι χαλκοῖ διάφοροι οἱ Β, Γ, Δ, Ε,
Ζ, Η, Θ, δύο κυλίνδρων ἕκαστος δακτύλων [illegible], πάχος
une longueur de 2 doigts; une épaisseur égale
75 δὲ ἴσον τῶν κανονίων, τὴν δὲ διάμετρον τοῦ εὔρους νο-
celle des lames, et le diamètre intérieur égal
κτύλου α γ´.
à doigt 1/3.

Ἐχέτωσαν [illegible] κατὰ [illegible] ἐγκεκομμένας [illegible]
p. 118. τῇ ἐπιφανείᾳ τῶν κυλίνδρων, τοὺς Μ, Μ, Μ, Μ, Μ, Μ, Μ, Μ,
ἀπέχοντας ἀπὸ τῶν Β, Δ, Γ, Η, Γ, δακτύλου α καὶ δ´.
des cylindres, à une distance de 1 doigt 1/4 des
sommets B, D, G, H, G; Ces rondelles ont une
80 πλάτος δὲ ἐχέτωσαν δακτύλου δίμοιρον, πάχος δὲ τὸ ἴσον
largeur de 2/3 de doigt et une épaisseur égale à
τῶν κανονίων.
celle des lames.

Οἱ [illegible] κύλινδροι Β, Γ, Δ, Α, Ε, Γ, Ζ, Η, Θ, [illegible]
ἐχέτωσαν κατὰ διάμετρον τὰς Γ, Γ, Γ, εἰς ἃς κανόνια
en outre des fentes diamétrales [illegible] ou s a
ἐμβεβλήσθω [illegible] κατὰ κρόταφον, [illegible]
85 μῆκος [illegible] ἔχον ἑκάτερον δακτύλους [illegible] πλάτος δὲ δακτύλου
δίμοιρον.
de 2/3 de doigt.

73. T: ὁ βγ, δε, ϛξ, ηθ. — L.: οἱ ,α ,β ,γ ,δ ,ε ,ζ ,η ,θ.
(1) L'indication de cette dis(sic) [illegible]
[illegible] TAL : [illegible] Tous les autres ; δακτύλου ,ε
79. M : [illegible]
81. T om. κύλ.
83. M om. ᾱϛ.
85. T: δακτύλων.

Soient encore des cylindres creux, en bronze, B'G', D'E', J'Z', H'C' [fig. 3 à 6], ayant chacun une longueur de 2 *doigts*, une épaisseur égale à celle des lames, et le diamètre intérieur égal à 1 *doigt* 1/3.

Avec ces cylindres font corps des rondelles *a b*, *g d*, *e z*, *h c*, appliquées sur la surface convexe des cylindres, à une distance de 1 *doigt* 1/4 des sommets B', D', J', H' (1). Ces rondelles ont une largeur de 2/3 *de doigt* et une épaisseur égale à celle des lames.

Les cylindres B'G', D'E', J'Z', H'C' présentent en outre des fentes diamétrales *j*, *j*, *j*, *j*, où s'ajustent, de profil, des clavettes *m*, *m*, *m*, *m*, ayant chacune une longueur de 3 *doigts* et une largeur de 2/3 *de doigt*.

(1) L'indication de cette distance, préférablement à celle de la distance aux ouvertures G', E', Z', G', paraît avoir pour but d'assurer une place suffisante au maniement du cylindre et au logement de la clavette.

[§ Γ. — Planche III.]
[ΚΕΦΑΛΑΙΟΝ δ.]

... ὑπογέγραπται. τὸ ὅτι ΑΒΓΔΕΖΗ ...

ΙΕ ποδὸς ἑνὸς καὶ δακτύλων ζ ... τὸ δὲ διάστημα τοῦ
90 χαμαρίου τὸ ΘΚ δακτύλων ...
    ... ἑκατέρας τῶν Α, Ζ, δακτύ-
    ... ἑκατέρα δὲ τῶν Β, Η, δακτύλων β· τὸ δὲ μεταξὺ διάστημα
    τῶν Α, Β καὶ [τῶν] Ζ, Η ὡς δακτύλων ... τὸ πάχος δὲ
    ἑκάτω ... τῶν προειρημένων κανονίων ...
95 Τὸ δὲ καλούμενον χαμψάκιον ἔστω τὸ ΑΜΝΞΟΠΡΣ,
    ... κανόνων τῷ σχήματι οἷον ὑπογέγραπται, μῆκος
    ἔχων ὁ μὲν ΟΠΡΣ κανὼν ποδὸς ἑνὸς καὶ δακτύ-
    λων ... ὁ δὲ ΛΜΝΞ ποδὸς ... καὶ δακτύλων ...
    ... πρὸς ... μέρεσι δακτύλων δύο· πρὸς δὲ τοῖς
100 ΟΠ, ΡΣ, δακτύλων γ δ (?)· πάχος δὲ ἑκάστου [δακτύ-
    λου β. — Μῆκος δὲ ἑκάστου] τῶν ΛΒ, ΝΓ, ΟΔ, ΡΕ,
    πόρρω ἐστὼ δακτύλων δύο· ...

87. M : γέγονεν δέ.
88. T : τὸ α ἔχοντι τὴν μὲν κε... [illegible]
90. T : οχ.
91. T : ἑκατέρου τῶν αξ δακτ. δ' — LM : ἑκατέρας τῶν αξ ... — Tous
les mss. portent δακτ. δ', mais il faut peut-être lire ϙ' ... de forme initiale a pu facilement se changer en δ. — T : ἑκατέρου — M : ...
95. T om. τό. — M : χαμάκιον.
96. T : κανόνων ... [illegible]
97. T : Ας κανὼν ἐκ ποδ... γωνίαι ... — Tous les manuscrits ...
signifie rien ... en même temps à l'extrémité du ... — A : ... — Tous les autres ... —
T : δακτύλων λδ', valeur douteuse. — T : πάχος δὲ ἑκά...
αβγροδρ. — L : ... — Ici existe évidemment une lacune que j'essaye de combler; c'est conformément à la leçon supposée que je traduis. ...

[§ IV. — Planche III.]
[ΚΕΦΑΛΑΙΟΝ δ΄.]

Soit maintenant la pièce appelée *camarium* [ou *arcade*], d'une forme telle qu'elle est représentée en ABG[C]D[K]EZH [fig. 7 et 8], ayant au milieu de sa largeur une longueur totale, GE de 1 *pied* 7 *doigts* 1/2 [= 23 *doigts* 1/2], [y compris] l'ouverture de l'arcade CK, égale à 5 *doigts*.

Chacune des branches A, Z, a 4 *doigts* (1) de longueur, et chacune des autres, B, H, en a 2. Quant à la distance des branches A, B, et Z, H, elle est de 3 *doigts* 1/2 environ, et leur épaisseur est la même que celle des lames citées plus haut.

Maintenant soit LMNX, OPRS [fig. 9], ce que l'on nomme le *climakium* [ou l'*échelette*], composée, comme le montre la figure, de deux *longerons*, l'un, OPRS, de 1 *pied* 10 *doigts* [= 26 *doigts*] de long, d'autre, LMNX, de 1 *pied* 8 *doigts* [= 24 *doigts*]. — Leur largeur commune est de 2 *doigts* vers leur partie médiane UT, de 3 1/4 aux extrémités [LM, NX,] OP, RS (?), et leur épaisseur est de 2 *doigts*. Quant à la longueur (2)] des tenons B', G', D', E' (3), elle est de 2 *doigts*.

(1) Il faut vraisemblablement 3 au lieu de 4. Voir en face, p. 58, la note de la ligne 91 ; et plus haut, § IV, p. 36.

(2) La lacune qui se trouve ici (V. en face, la note de la ligne 100) doit être remplie d'abord par l'épaisseur des longerons, que l'on peut supposer égale à leur largeur ; puis, en second lieu, par l'énoncé de la longueur des tenons.

(3) Dans les manuscrits L et M, ces tenons sont indiqués chacun par deux lettres indiquant leurs extrémités, et dont la première, λ, ν, ο, ρ, appartient en même temps à l'extrémité du longeron, ξον, comme cette lettre est placée à l'angle, je l'ai supprimée dans le français pour plus de clarté. — Quant à la seconde lettre, elle est affectée, *dans la figure*, de la virgule latérale qui caractérise les unités de l'ordre des mille dans la notation arithmétique (voir l'*Introduction*, p. 16), mais ici cette virgule n'a aucune signification numérale.

p. 119.

105

Ἔστωσαν δὲ καὶ στυλάρια τὰ Φ Χ, Ψ Ω...

10   qui traversent de part et en part, et en Γ, V, Q, Υ,
les mortaises cylindriques.

longueur sans compter les tenons, et a deux doigts de

ayant [également] 3 doigts de longueur,
compter les tenons, et 2 doigts 1/2 de largeur.

15   ces barreaux, ainsi que la traverse, s'adaptent
dans les mortaises prätiquées sur les longerons

à maintenir solidement les deux longerons à une

20   distance invariable de 3 doigts.
Enfin, après les longerons LN et OR, les
sont fixes, de chaque côté de la traverse TU, des
doubles équerres en forme de T

gueur (1) et 1 doigt de largeur, d'une épaisseur proportionnée; et ces équerres sont percées
de

chaque couple], de 2 doigts 1/2.

8. T: δακτύλων. — L: δ...ους.
13. T: κατείσθ. — BCF: λαθείς.
15. T: ἐπίουρας.
18. T: λμ.

(1) Voir, en face, la note sur la ligne 120 du texte.
(2)
longerons, à moins de
passeur pour chacune.

Maintenant, sur chacun des longerons LMNX, OPRS [fig. 9], on marque 3 points de division : F, T, V, pour l'un, O, U, Y, pour l'autre ; puis on pratique en T, U, deux mortaises rectangulaires qui traversent de part en part et en F, V, Q, Y, des mortaises cylindriques.

Soit faite une traverse TU, ayant 3 *doigts* de longueur sans compter les tenons, et 2 *doigts* 1/2 de largeur.

Soient encore des barreaux F, Q, V, X [fig. 9], ayant [également] 3 *doigts* de longueur sans compter les tenons, et 2 *doigts* 1/2 de largeur.

Ces barreaux, ainsi que la traverse, s'adaptent dans les mortaises pratiquées sur les longerons, et les tenons de la traverse se fixent après les longerons, en cheuillant leurs extrémités, de manière à maintenir solidement les deux longerons à une distance invariable de 3 *doigts*.

Enfin, après les longerons LN et OR [fig. 9] sont fixés, de chaque côté de la traverse TU, des réglettes [ou doubles équerres en forme de T] J, J, J, J (fig. 8), ayant [8 ou 9 (?)] *doigts* de longueur (1) et 1 *doigt* de largeur, avec une épaisseur proportionnée ; et ces équerres sont percées de part en part et distantes entre elles [pour chaque couple], de 2 *doigts* 1/2 (2).

(1) Voir, en face, la note sur la ligne 120 du texte.

(2) Il semble que ce doive être 3 1/2, même distance que celle des longerons, à moins de supposer à ces équerres en T un *demi-doigt* d'épaisseur pour chacune.

[ΚΕΦΑΛΑΙΟΝ ε̄.]

Πεποιήσθωσαν δὲ καὶ κωνοειδῆ δύο τὰ ΑΒΓΔ, ΕΖΗΘ,
ἔχον ἑκάτερον τὸ μῆκος δακτύλων κδ,

25 Τὸ δὲ πάχος τῶν ΑΒ, ΕΖ κορυφῶν ἑκάστου
ἐχέτω δακτύλου τὸ ἥμισυ, τὸ δὲ τῆς βάσεως πάχος ἑκάστου
τῶν ΓΔ, ΗΘ, δακτύλου ἑνός.

Ἐχέτωσαν δὲ κατὰ μῆκος σωλῆνας τετραγώνους καὶ
τόρμους ἐν ταῖς ΑΒ, ΕΖ κορυφαῖς, ὥστε χαλκῶν γιγνο-
30 μένων συμφυῶν κρίκοις, ἀρμοστῶν τοῖς τόρμοις καὶ τοῖς
σωλῆσιν, ἐκκομίζεσθαι ἐπὶ τῶν σωλήνων καὶ τῶν τόρμων

p. 120. ἐν τοῖς κωνοειδέσι γεγόνασιν
Ἔστωσαν δὲ τὰ μὲν κανόνια σύμφυτα ὄντα τὰ
ΚΑΜΝ, ΞΟΠΡ, κρίκοι δὲ οἱ ΚΛ, ΞΘ
35 Ἐχέτωσαν δὲ τὰ κανόνια πρὸς τοῖς πέρασι, ΜΝ, ΠΡ,

24. T : ἔχοντα τὸ μὲν μῆκος. — F : ἔχον ἑκάτερον. — LM : ἔχον μὲν
ἕτερον.

26. T : δακτύλων. — L et M : δακτύλου.

29. T : γενέσθαι. — M : γενομένων. — M om. ἐν.

36. T : τά.

[§ V. — Planche III.]

Soient faits enfin deux conoïdes A B G D, E Z H C
[fig. 10], ayant une longueur de 11 *doigts*.

Supposons qu'aux sommets A B, E Z de chacun
de ces conoïdes l'épaisseur soit de 1/2 *doigt*, et
qu'elle soit de 1 *doigt* aux bases G D, H C.

Ils doivent présenter, suivant leurs longueurs,
des canaux de forme carrée, et des viroles à leurs
sommets A B, E Z : de telle sorte que des broches,
faisant corps avec des anneaux, soient adaptées
aux canaux et aux viroles des conoïdes ainsi cons-
truits, de manière à jouer librement dans ces canaux et ces viroles.

Soient K L M N, X O P R les broches, K L et X O
les anneaux ; et supposons que les broches aient
à leurs extrémités MN, PR, une courbure de
1/2 *doigt* de hauteur...

TABLE DES MATIÈRES.

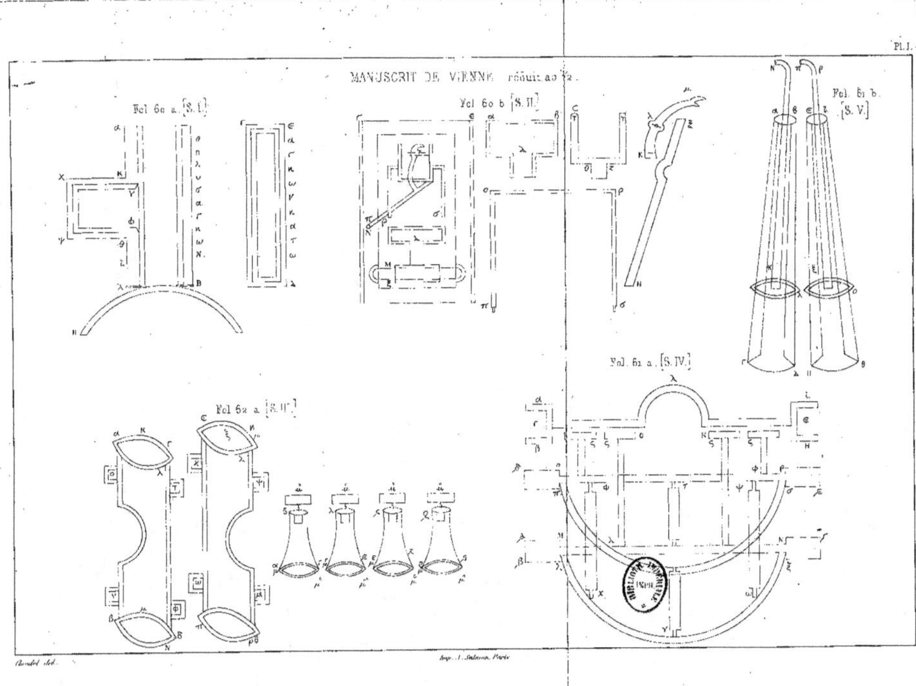

MANUSCRIT DE VIENNE réduit au 1/2.
Fol. 60 a. [S. I.]
Fol. 60 b. [S. II.]
Fol. 61 b. [S. V.]
Fol. 62 a. [S. III.]
Fol. 61 a. [S. IV.]

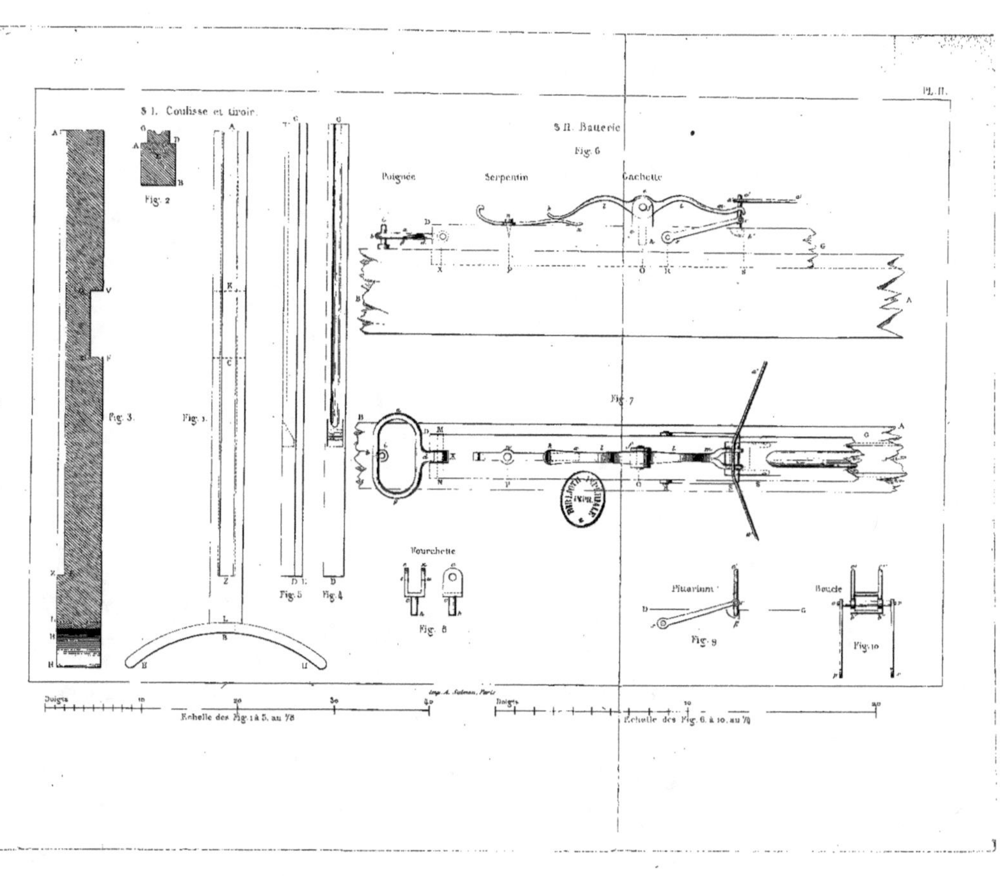

Pl. II.
§ 1. Coulisse et tiroir.
Fig. 2
Fig. 3
Fig. 3
Fig. 5
Fig. 4
§ II. Batterie
Fig. 6
Poignée
Serpentin
Gachette
Fig. 7
Fourchette
Fig. 8
Pittorium
Fig. 9
Boucle
Fig. 10
Doigts
Echelle des Fig. 1 à 5, au 1/8
Imp. A. Salmon, Paris
Doigts
Echelle des Fig. 6 à 10, au 1/6

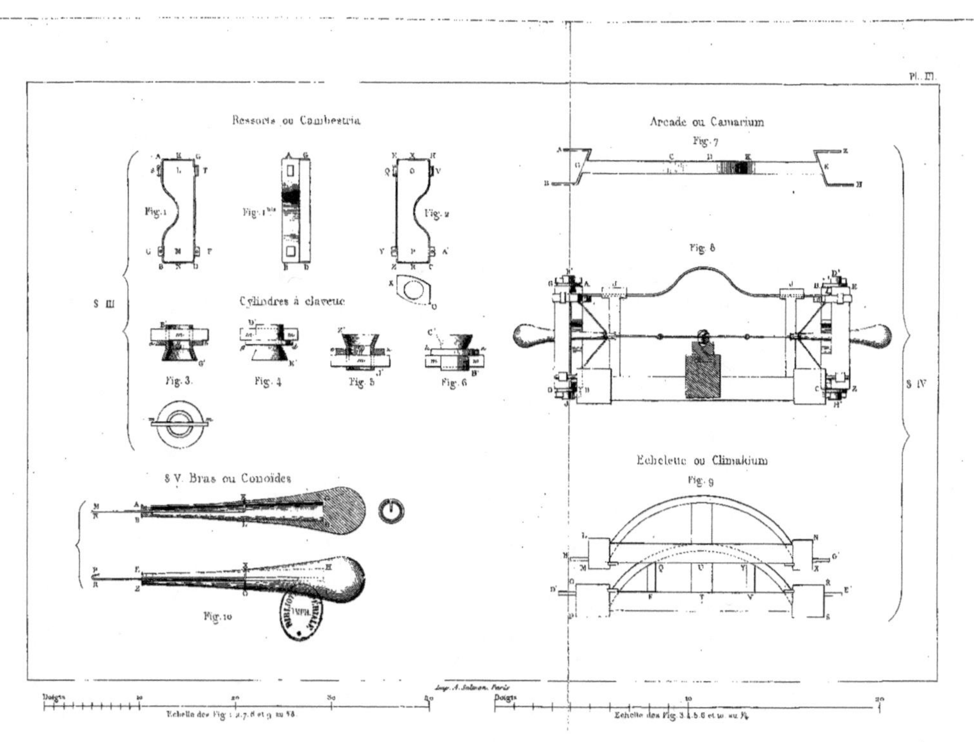

Ressorts ou Cambestria
Fig. 1
Fig. 1 bis
Fig. 2
§ III
Cylindres à claveue
Fig. 3.
Fig. 4.
Fig. 5.
Fig. 6.
§ V. Bras ou Conoïdes
Fig. 10
Arcade ou Camarium
Fig. 7
Fig. 8
Echelette ou Climakium
Fig. 9
§ IV
Imp. A. Salmon, Paris
Doigts
Echelle des Fig. 1. 2. 7. 8 et 9 au ½.
Doigts
Echelle des Fig. 3. 4. 5. 6 et 10 au ½.

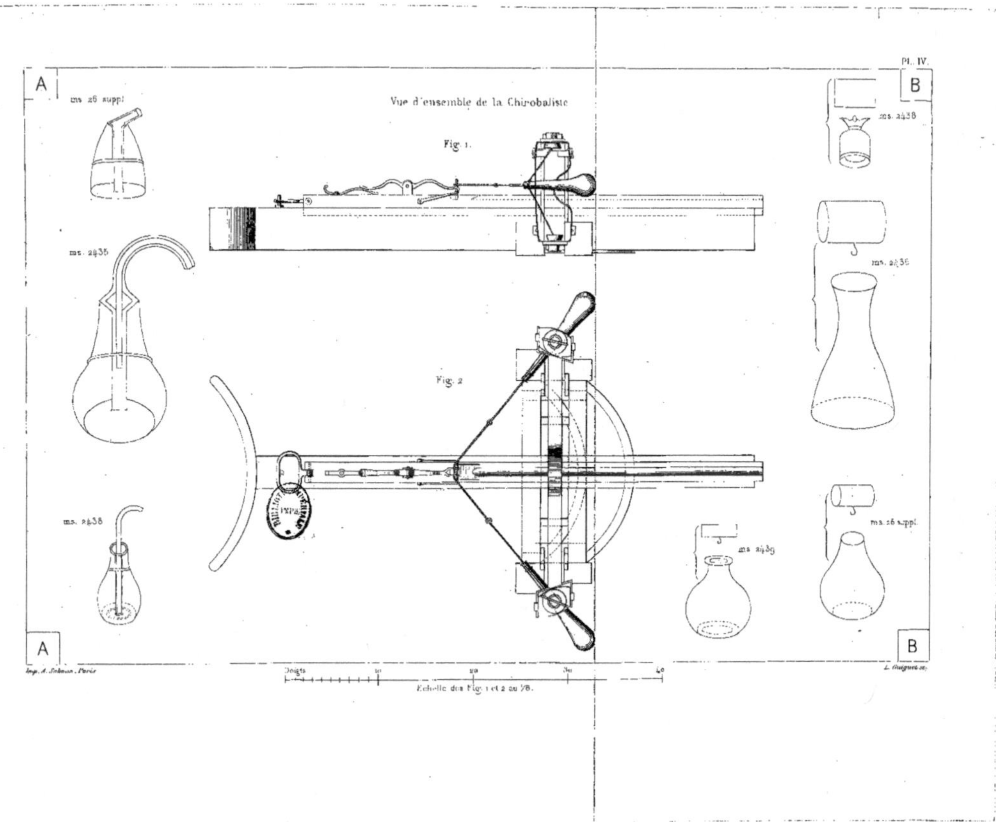

Pl. IV.
A
ms 26 suppl
ms. 2435
ms. 2438
Vue d'ensemble de la Chirobaliste
Fig. 1.
Fig. 2
B
ms. 2438
ms. 2436
ms. 26 suppl.
ms 2439
Imp. A. Salmon, Paris
L. Guiguet sc.
Doigts
Échelle des Fig. 1 et 2 au 1/8.

PARIS
Ad. Lainé & J. Havard
Imprimeurs
rue des S.-Pères,
19.